초보자도 따라하는
조경 시공 입문

초보자도 따라하는 조경 시공 입문

1판 1쇄 인쇄   2008년 06월 25일
1판 2쇄 인쇄   2008년 09월 01일

지 은 이   송광섭
펴 낸 이   손형국
펴 낸 곳   (주)에세이퍼블리싱
출판등록   2004. 12. 1(제315-2008-002호)

주   소   157-857 서울특별시 강서구 방화3동 822-1 화이트하우스 2층

홈페이지   www.essay.co.kr
전화번호   (02)3159-9638~40
팩   스   (02)3159-9637

ISBN 978-89-6023-177-1 03810

  이 책의 판권은 지은이와 (주)에세이퍼블리싱에 있습니다.
  내용의 일부와 전부를 무단 전재하거나 복제를 금합니다.

초보자도 따라하는
조경 시공 입문

송광섭 지음

　자연의 아름다움을 선사하고 안정감과 편안한 정서를 갖게 해주기 위해 실행되고 있는 조경은 '자연을 틀 안에 가두려는' 인위적인 작업이라고 할 수 있다.

　조경 전문가와 실무진들은 '자연과 너무 멀리 떨어져 있는' 도시민들에게 자연의 풍요로움과 가치를 알려주기 위해 지금 이 시간에도 자그마한 자투리 땅에 자연의 운치를 담은 정원을 연출하기 위해 노력하고 있다.

Prologue

필자는 조경이 단지 빈 공간을 푸르게 채우는 단순작업이 아니라 인간의 삶의 질을 높이는 '정서 산업' 이라는 데 많은 의미를 뒀고, 그동안 현장에서 보고 듣고 경험한 내용을 다시 한번 정리해 일반에 알리고 싶었다. 기자로서의 소명의식을 더해 감히 조경의 대중화에 일조하고 싶다는 바람도 가지고 있다.

이 책은 조경산업에 대한 전망 등 조경에 대한 전반적인 내용과 조경 각 장르별 실제 시공사례, 그동안 해외출장 길에서 시간을 쪼개 방문한 해외 정원들의 모습들을 담고 있다. 또 꽃과 나무를 좋아하는 사람들이 알아둬야 할 정원 관리 방법에 대해 언급하고 있다.

한번 더 출간 기회가 주어진다면 '성공 만능시대' 에서도 소박한 마음으로 꽃과 나무를 가꾸며 자연 사랑을 실천해오고 있는 우리 주변 사람들의 아름다운 정원 이야기를 전달했으면 한다.

이 책을 내는 데 도움을 준 독일 조경 마이스터 하이코 에거트(Heiko Eggert)씨와 방식꽃예술원 문홍운 조경강사, ㈜플로시스 김재용 대표, 지난번 책에 이어 이번에도 책을 출판해준 ㈜에세이 관계자와 손형국 대표에게 감사드린다.

필자에게 조경 세계를 안내해준 아내, 그리고 지수·지훈이에게도 고맙다는 말을 하고 싶다. 필자에게는 가족이 자연이다.

Contents

Prologue

제1장 - 조경의 시대가 오고 있다

IT 이후는 정서산업이 지배한다 _ 16
조경을 잘 하면 건물 값이 오른다 _ 19
조경의 가치를 알고 미리 준비해야 _ 25
예술성과 품격이 있는 조경 _ 27
자연을 내 품안에… '실내조경' _ 31
실내 정원, 업무 효율성을 높인다 _ 33
활용 가치가 높은 자투리 공간 '베란다' _ 35
도시민의 작은 휴식 공간 '발코니'와 '테라스' _ 37
버려진 공간에서 낭만의 장소로 '옥상정원' _ 41
옥상에 연인들을 위한 카페를 만들어라 _ 44
옥상조경, 지속적인 관리가 생명 _ 51
도심 벽면을 푸르게 '벽면 녹화' _ 53
묘지를 가족 공원으로 만들어라 _ 44
종합예술인 '조경가' 인간의 정서를 어루만진다 _ 56
'녹지를 확보하라' 공원화 사업 활발 _ 58

제2장 - 조경 시공 A~Z
정원조경을 중심으로

'가든 디자인'을 아시나요 _ 66
측량-도면 그리기 _ 67
도면의 종류 _ 69
조경 설계-가든 디자인 _ 71
조경 설계 전문회사 독일 데이터 플로어(DATA FLOA) _ 73
"3차원 설계 정원문화 만끽하세요" _ 75
한국인의 뛰어난 조경 능력 _ 77
바닥 정지 작업 _ 81
바닥 다지기-경계석 설치 _ 82
조경의 기초 소재 '잔디' _ 83
정원의 운치를 높여라 '퍼걸러(Pergola)' _ 86
조경의 멋을 한껏 살린다 '조명' _ 89
정원에 생동감을…연못·분수 _ 91
미니 수영장 만들기 _ 96
연못 분수 주변에 잘 어울리는 조형물들 _ 97
높낮이의 조화 '층계-계단' _ 110
은밀한 차폐 효과·위요감, '담·울타리' _ 104
정원 분위기를 좌우하는 '바닥' _ 108

제3장 - 해외의 아름다운 정원

자연보다 더 아름다운 경관 _ 116
독일인의 문화 공간 '그루가 파크' _ 117
수초로 둘러싸인 '미니 수영장' _ 119
조경 산업의 메카 '독일' _ 121
네덜란드 붐캄프 가든 …정원과 예술품의 만남 _ 124
네덜란드 '아펠턴 가든' _ 126
500개 분수들의 화려한 쇼 …이탈리아 티볼리 _ 128
다시 가보고 싶은 영국 왕립식물원 '큐가든' _ 132
원예 선진국 · 정원의 나라 '영국' _ 135
쓰레기 더미가 거대 녹지로…중국 성해광장 _ 141
풍류와 사색의 공간…우리네 전통 정원 _ 143
일본-중국, 정원 대중화 적극 나서 _ 145

제4장 - 정원관리

정원관리 _ 150
아무리 나쁜 환경에서도 흙이 좋으면 3개월은 견딘다 _ 152
좋은 흙 만들기 _ 153
비료에 대한 이해 _ 156
식물이 잘 자라는 환경은 사람에게도 좋다 _ 157
병해충 관리 _ 159
물은 언제 줘야 하나 _ 161
식물도 넓은 공간을 좋아한다 '분갈이' _ 163
나무를 옮겨 심을 때 _ 167
나무 모양새 만들기 '전정' _ 169
식물에는 맞는 화기를 사용하라 _ 172

제1장. 조경의 시대가 오고 있다

　조경 산업이 우리들의 삶과 정신세계를 보듬어줄 정서산업으로 각광 받을 날이 멀지 않았다.
　치열하고 각박한 삶이 지속되면서 지친 몸을 달래기 위한 휴식과 재충전에 대한 필요성이 그만큼 커지게 되고, 자연에 대한 그리움도 배가되기 마련이다. 여기서 말하는 조경이란 녹지공간 확보차원에서 단순히 빈터를 초록 식물로 메꾸는 것이 아니라 버려진 공간을 '보고 또 보고' 싶을 정도로 아름답고 정성스럽게 꾸미는 것을 말한다.
　소득 수준이 높아졌다고 해서 조경산업이 덩달아 성장하지는 않는다. 조경이 주는 물질 이상의 의미, 즉 자연으로의 회귀, 삶의 본질에 대한 욕구가 상대적으로 높아지면서 그 가치와 중요성이 높아지고 있는 것이다.
　조경은 이제 '있는 자만의 전유물'이 아니다. 누가 먼저 그 소중한 가치를 알고 가까이에서 그 진가를 향유하고 즐기느냐가 관건이다. 돈을 들여 소유하는 개념에서 벗어나 정성을 들여 가꾸는 사람만이 그 귀중함을 온 몸으로 느낄 수 있다. 내 주변에 작지만 풍요로운 소자연을 두고 싶어하는 욕구는 사회가 복잡하고 다양해질수록 더욱 강해질 수밖에 없다.

전문가들은 당초 조경이 사회적 이슈화 되는 시기를 10년 후로 예상했으나 지금은 5년 후로 수정하여 전망하고 있다.

서구 선진국에서 화훼산업의 비중은 상당히 높다. 그들은 조경 및 화훼 산업이 눈에 보이는 것 외에 국민들의 정서 순화에 막강한 영향력을 행사한다는 것을 미리 인식했다.

조경은 국민들의 건강 유지와 건전한 정서 함양에 큰 도움을 준다. 사회가 복잡해지고 고도화되면서 사회적 병폐 현상은 심화된다. 거친 환경 속에서 살아남기 위해서는 자신이 가지고 있는 역량을 넘어 무리수를 두게 되고, 이로 인한 정신적인 압박감과 긴장감은 더해질 수밖에 없다. 이를 방치할 경우 개인적인 손실을 떠나 사회 병리 현상으로까지 발전하게 된다. 더욱 문제가 되는 것은 사회 전체적으로 활기와 역동력을 상실하게 된다는 데 문제의 심각성이 있다.

IT 이후는 정서산업이 지배한다

　조경(造景)은 자연 재료를 응용해 인간의 생활 목적에 맞게 경관을 조성하는 것을 말한다. 특히 인위적인 손길이 가미되더라도 지구상 유기체들과 적절한 조화를 이룬 가운데 생태적 균형을 이룬 환경을 만들어야 한다는 점에서 종합예술로 규정할 수 있다. 조경 행위는 궁극적으로 공간을 형성하는 작업이다.
　이런 가운데 정부가 국민 복지 차원에서 의료비 지원을 확대하고 있다.
　다행스런 일이다. 그러나 여기서 하나 더 요구한다면 후행적 치료법인 의료비 지원 확대보다 국민들의 정신 건강 유지를 위해 사전 예방 성격이 강한 정책을 펴나가야 한다는 점을 강조하고 싶다. 피곤에 지친 국민들의 심성을 부드럽게 순화시키는 작업이 얼마나 중요한 일이라는 것을 간과해서는 안 된다. 따라서 조경 산업은 단지 일개 산업으로 볼 것이 아니라 사회학적, 인류학적 측면의 장기적인 안목에서 접근해야 한다.
　근대 조경의 아버지인 미국의 조경가 프레드릭 로 옴스테드(Frederick Law Olmsted)가 센트럴파크를 조성한 취지를 다시 한 번 되새겨볼 필요가 있다. 그는 도시공원을 조성해 도시환경을 개선시킴으로써 사회를 변화시킬 수 있고, 그 변화가 진정한 민주주의를 실현시키는 데 도움을 줄 것이라고 확신했다. 도시민들에게 목가적인 전원과 자연의 아름다움을 제공해주는 것이 얼마나 가치가 있는 지를 간파했다.

　대기 및 수질 개선을 위해서는 도심 교통량 감소와 배기가스 단속도 중요하지만 근본적인 치유책이 될 수 없다. 도심 녹화작업이라는 큰 그림 속에 세부 정책이 추진돼야 효과를 거둘 수 있다. 이런 시점에서 정부 당국이 녹화사업을 적극 추진하고 있는 것은 상당히 고무적이다. 서울시는 푸른도시국을 신설, 건물 옥상 조경 등 다양한 녹화사업을 활발하게 전개하고 있다.

　오랫동안 기능적인 도시공간과 시설로서 사용돼 오던 곳이 공원이나 녹지로 복원되는 사례도 늘고 있다. 물 공장 선유도가 숭고미를 자랑하는 공원으로, 쓰레기 산 난지도가 하늘과 맞닿은 감각적 공원으로 변모됐다. 서울숲이 개장되고 청계천에 새 물이 흐르면서 서울시를 활력 넘치는 경관도시로 탈바꿈시키고 있다.

국내 건설사들도 신규 분양하는 아파트 단지 내에 인공 보행 목교와 실개천, 단지 내 야간조명 등을 설치하는 등 발 빠른 움직임을 보이고 있다. 쾌적한 주거공간을 창출하고 녹지공간을 확대해 주거 만족도를 높이기 위한 작업이 활발하게 진행되고 있는 것이다.

우리 지구는 급속한 과학기술의 발달과 인구 급증, 도시화, 공업화 등으로 생존을 크게 위협받고 있다. 대기 중 이산화탄소, 염화불화탄소, 메탄 등 유해 가스의 증가와 발전소와 제련소에서 내뿜는 황산과 질산 같은 산화물질로 오존층이 크게 파괴됐고, 지구 곳곳은 온난화에 따른 이상기후로 몸살을 앓고 있다.

우리 서울만 보더라도 도시 열섬 현상과 스모그 등으로 홍역을 치르고 있지 않은가. 서울시 당국자도 서울시가 매연 가스 절감 등을 위해 청정연료 사용과 매연절감 장치 부착 의무화 등에 많은 예산을 들이고 있지만 가장 적은 비용으로 환경 문제를 해결할 수 있는 것은 녹화사업뿐이라고 입을 모은다.

조경 관련 직종도 조경사를 비롯, 정원관리사, 화훼장식사, 관상용 식물 재배자 등으로 다양화되고 있다.

조경 장르도 세분화되고 있다. 실내 조경에서부터 베란다-테라스-발코니 조경, 정원조경(주택조경), 원예치료 조경, 분수조경, 계단조경, 암석조경, 벽면조경, 옥상조경(옥상 녹화), 터널조경, 묘지-장례 조경, 파티조경, 결혼식장 조경까지 세분화되고 있다. 야외 조경 가구 및 조경-조명 자재 등 관련 산업 종사자도 늘고 있다.

특히 옥상 조경의 중요성이 강조되면서 옥상 녹화와 적합한 세듐과 다육식물 등 지피식물만을 전문적으로 재배하는 곳들도 많아지고 있다.

조경을 잘 하면 건물 값이 오른다

　　인테리어에만 많은 돈을 쏟아 붓는 시대는 지났다. 인테리어에 들어가는 비용 일부를 줄여 실내 장식에 사용한다면 사무실과 카페 등 영업 환경 분위기가 눈에 띄게 달라진다. 소비자 입장에서 볼 때 비싼 돈을 들여 인테리어만 한 곳보다는 계절에 맞게, 실내 분위기에 맞게 실내 장식을 한 곳에 더 눈길을 주기 마련이다. 고객들의 발길이 잦은 만큼 매출 향상으로 이어진다. 건축이 기초화장이고 인테리어가 색조화장이라면 조경은 마음화장에 비유할 수 있다.

고객들의 마음을 사로잡는 분위기 마케팅을 강화할 때다. 전원주택에 대한 인기에서 알 수 있듯이 같은 건물이라도 어떤 것이 더 조경이 잘 되어 있느냐에 따라 건물 값이 달라지게 된다.

숨 가쁜 도시 생활에서 사람들이 거주하고 생활하는 공간을 순화하는데 자연 만큼 좋은 치료는 없다. 또 자연을 우리 주변에서 가까이 접할 수 있게 하는 방법 중 하나가 정원을 가꾸는 것이다. 조경은 도시환경 개선 차원을 넘어 운동·오락·휴양·교육·산책·보건·위생 등 다양한 분야와 깊이 연관돼 있다.

조경은 시각적 형태의 조화라는 이점 외에 기후 및 대기질 개선 등 지구 환경 향상에 큰 도움을 준다. 조경을 종합예술로 부르는 것은 별도 독립된 분야가 아니라 건축·설계·인테리어·조명·음향·조형 예술물과 긴밀한 관계가 있기 때문이다.

서양의 경우 건물을 신축할 때 조경가, 건축가, 설계 담당자가 사전에 서로 만나 의견을 조율한다. 공간의 효율성과 가치를 높이기 위한 것이다. 건축 따로, 인테리어 따로, 조경을 따로 할 경우 그만큼 비용은 높아지게 된다.

야외 파티장에 조명을 설치할 경우 화단은 물론 공간 장식물들이 더 돋보인다. 여기에 음악·음향 효과를 가미할 경우 감동과 느낌은 배가된다. 선유도 공원에서도 음향장치를 활용하고 있다.

유럽 모델 정원을 가보면 대부분 식물과 나무들만 식재돼 있는 것이 아니라 오브제(공간장식물)와 조각작품이 한데 어우러져 있다.

조각가들도 모델 정원을 상설 작품 전시장으로 활용하고 있다. 예술품이 화랑에만 전시되기보다는 야외에, 그것도 푸른 숲을 배경으로 했을 때 더 뛰어나 보이는 것은 당연하다.

경관과 조망권의 가치도 높아지고 있다. 경관의 가치와 아름다운 조망권이 사회적 이슈가 된 것은 불과 10년 전이다. 이제는 한강변에 좋은 조망권을 확보한 아파트들의 값이 오르고, 너나 할 것 없이 조망권이 좋은 아파트를 선호하는 시대가 됐다.

    요즘에는 자연을 닮은 아파트들이 많이 등장하고 있다. 단지 내에 실개천이 들어서 있는 아파트들도 많아지고 있고, 베란다에 조경을 한 아파트들도 자주 볼 수 있다.

조경의 가치를 알고 미리 준비해야

　조경에 대한 일반인들의 인식이 낮다고만 탓할 게 아니다. 관계부처와 건설업체의 잘못도 크다. 일정 비율 녹지공간을 확보하는 데 연연하다 보니 아름다움을 연출하기보다는 적당히 공사를 마무리하는 데 급급하다. 식재되는 수종도 소나무와 주목, 회양목 등 너무나 천편일률적이다. 소나무는 관리가 까다로운 점이 있지만 전나무, 주목, 회양목은 잘 자란다. 관리의 손길을 많이 필요로 하지 않는다. 나중에 뒷소리를 듣지 않기 위해서 잘 죽지 않는 나무들로 공사를 하고 있고, 건물주들도 별다른 요구사항 없이 이를 그대로 수용하고 있는 현실이다.

　관계부처에서도 지구 온난화와 대기질 개선 등을 위해 공원 조성사업에 막대한 예산을 쏟아 붓고 있지만 별반 실효를 거두지 못하고 있다. 조경 작업을 한 이후 관리가 제대로 안되다 보니 나중에 쓰레기 더미로 변질되고 만다. 식물은 사람을 키우는 것과 같기에 관리가 소홀하게 되면

쉬 죽게 되고, 조경 작업하기 전보다 더 흉한 모습을 보이고 만다.

　건설업체로부터 하청을 받은 조경업체 또한 그 규모가 작고 전문성 또한 크게 뒤떨어진다. 이런 상황에서 좋은 조경 작품이 나올 리 만무하고 시민들의 외면은 어찌 보면 당연한 것이다.

　더욱 문제가 되는 것은 건축과 조경을 각기 다른 독립 분야로 인정하지 않고 있다는 점이다. 조경을 별도 범주로 대하지 않기 때문에 조경의 중요성에 대해 소홀해질 수밖에 없다. 조경 예산을 늘려도 전체 건축 범위에 포함되기 때문에 실질적인 효과를 거두기 어렵다. 전문가들은 따라서 현재의 하청, 재하청 고리를 끊고, 보다 나은 작품을 연출하기 위해서는 조경을 독립적인 분야로 인정해야 한다고 입을 모은다.

예술성과 품격이 있는 조경

정원은 기하학적인 형태부터 불규칙한 자유형태까지 다양하지만 무엇보다 조화를 이루는 것이 중요하다. 정원은 인공적인 건축공간에 자유곡선 형태의 식물을 배치해 디자인하게 된다. 식물을 식재하게 되면 건물의 딱딱함을 완화시켜주고 분위기를 한결 부드럽게 해준다.

그러나 지나치게 다양한 형태의 정원 요소들과 식물의 혼재는 오히려 무질서라는 역효과를 나타낸다. 따라서 건축물 및 주변 환경과의 조화와 통일성을 유지하는 게 바람직하다.

식물을 식재할 때도 색 대비, 높낮이, 넓이 등 생태환경에 맞게 배치를 해야 한다. 식물 식재 시 보다 환한 실내 환경 조성을 위해 같은 녹색이라도 명도가 높은 밝은 녹색을 사용하는 것이 좋다. 질감은 정원 공간의 분위기를 좌우한다. 잎이 작고 고운 질감의 수종으로 조성된 정원은 차분하면서도 안정된 분위기를 자아내고, 반대로 잎이 크고 거친 질감의 수종으로 조성된 정원은 동적이면서 활기찬 느낌을 준다. 지나치게 여러 종

류의 구성요소가 혼재되면 다양성은 높아지지만 시각적 혼란스러움으로 산만한 공간이 될 가능성이 높다. 따라서 건축공간과 어울리게 다양성을 낮추는 대신 단순함을 강조해 간결한 이미지를 연출하는 게 바람직하다.

조형물이 강조된 공간의 경우 정원을 단순하게 조성해 상대적으로 조형물을 돋보이게 하는 게 좋다. 반대로 식물의 다양성이 높은 정원에서는 시설물의 형태나 색채를 단순화시키고 종류와 수량을 제한하는 것이 보다 효과적이다.

결론적으로 식물의 형태, 색채, 질감 등을 고려하면서 균형과 조화, 비례, 강조, 대비 등을 통해 정원을 디자인해야 한다는 점을 간과해서는 안 된다. 같은 실내 공간에서도 공간 성격에 따라 다른 디자인을 적용해야 한다.

사무실 휴게공간은 사람들의 마음을 편하게 해주면서 동시에 시각적인 초점의 대상이 되기에 킹벤자민, 고무나무, 비로야자, 휘닉스 야자 등 수형이 아래로 향하는 수종을 사용하는 것이 적합하다.

수형이 아래로 흐르는 식물은 보는 사람으로 하여금 편안함과 여유를 느끼게 해준다. 또 휴게 및 만남의 기능을 가진 공간은 머무는 시간이 길고 실내정원을 감상하는 시간과 여유가 있기 때문에 다양한 수종과 경관을 고려해 정원 분위기를 연출해야 한다.

백화점 등 상업공간의 경우 대부분의 업체가 상품의 이미지를 높이기 위해 매장 내부에 흰색이나 미색계통을 많이 사용한다. 따라서 진열된 상품을 최대한 노출시키면서도 매장 내부를 고급스럽게 연출하는 조경 디자인을 적용해야 한다.

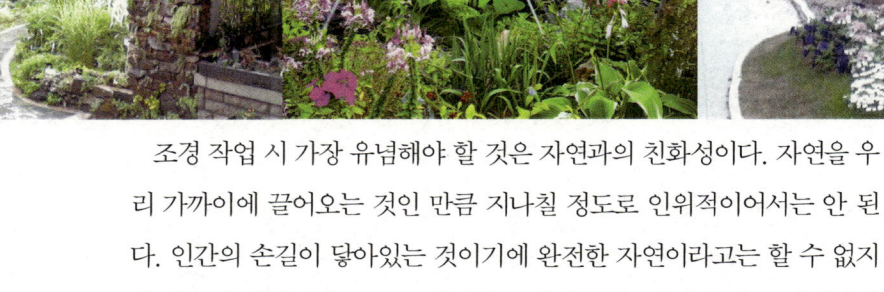

조경 작업 시 가장 유념해야 할 것은 자연과의 친화성이다. 자연을 우리 가까이에 끌어오는 것인 만큼 지나칠 정도로 인위적이어서는 안 된다. 인간의 손길이 닿아있는 것이기에 완전한 자연이라고는 할 수 없지만 가급적 인위적인 요소를 배제하는 것이 좋다. 따라서 식물 생태학적인 접근이 가장 우선시 돼야 한다.

필자는 재작년 여름 경기도 모 신문사 옥상에서 열린 행사에 참석했다가 큰 실망감을 느끼고 돌아온 적이 있다. 옥상에 하늘공원이라는 것을 조성했는데, 식물 생태학적인 측면을 무시한 채 겉보기에만 그럴싸한 정원을 만들어놓은 것이었다. 주변경관과 어울리지 않는 야외 조경물만 설치해 놓은 데다 옥상조경에 결코 적합치 않은 잔디를 식재해 놓은 것을 보고 우리나라 조경 현실을 다시 한 번 실감할 수 있었다. 바짝 바른 바닥에 군데군데 심어진 잔디가 제대로 자랄 턱이 없다. 잔디는 적절한 배수와 수분공급이 필요한 까다로운 식물이다. 막대한 비용만 고스란히 날렸다고 생각한다.

우리 주변에 있는 건물 화단을 한번 유심히 들여다보자. 식재된 수종이 대부분 획일적이고, 화단 모양도 너무나 단조로운 형태를 하고 있다. 일부 화단의 경우 조화로 눈속임을 해놓은 곳도 있다.

보면서 심리적인 위안과 편안함을 느끼고 싶은 화단이 아니라 다시는 보고 싶지 않은, 시각적 폭력을 행사하는 곳들이 많다. 연못이라고 만들어 놓았지만 수초 하나 띄우지도 않은데다 산소 공급을 위한 분수나 수질 정화 장치를 설치해 놓지않아 물이 썩어 들어가는 경우도 자주 목격하게 된다.

조경 작업 시 무엇보다 예술적인 안목이 필요하다. 이것저것 마구 심어놓는 것이 능사가 아니기 때문에 색채 구성에 있어서도 친환경성을 유지해야 한다. 가급적 백색, 갈색, 녹색 등 자연 친화적이면서 시각에 거스르지 않은 색깔을 사용하는 것이 바람직하다.

식물군의 적절한 배치도 고려해야 한다. 수생식물은 수생식물끼리, 건식은 건식끼리, 음지에서 잘 자라는 식물끼리 서로 조화를 이루도록 해야 한다. 또 같은 성격의 식물들의 경우 여기저기 분산 배치하는 것보다는 군락을 이루도록 해야 한다. 사람도 끼리끼리 어울리듯 식물도 같은 종끼리 한곳에 모아 식재하면 보기도 좋고, 식물 식생에도 도움이 된다.

자연을 내 품안에… '실내 조경'

　벤처 거품이 한창이던 2000년 무렵 웬만한 사무실은 고가의 인테리어를 동원, 화려하게 치장하는 데 급급했다. 사장실은 물론 7~8명이나 되는 임원들까지 각자 사무실이 있었으니 그 화려함이 어느정도였는지 가히 짐작할 수 있다. 찾아온 손님들에게 우리 회사에 돈이 넘쳐 흐른다는 인상을 강하게 주고 싶었을 것이다.

　안타까운 것은 지금 사무실을 둘러봐도 그때와 별반 다르지 않다. 사무실 현관 입구는 번쩍번쩍하게 빛을 내는 회사 마크가 벽면에 크게 새겨져 있다. 회사의 권위를 높이기 위해 안내 데스크 구입에는 많은 돈을 들인다. 사무실 다른 곳으로 눈을 돌리면 개업식이나 창립 기념식 때 받은 커다란 화분들이 군데군데 눈에 띈다. 그렇지만 화분 관리가 제대로 되지 않아 말라 죽는 경우가 대부분이다.

사무실 내에 화분이 많으면 한층 사무실 분위기가 생기 있고 부드러워 보인다. 사무실을 찾은 사람 입장에서 볼 때 회사에 대한 첫 인상이 좋을 수밖에 없고, 자신이 환대 받고 있다는 느낌을 갖게 된다.

카페형 음식점도 과거에는 조화 일색이었다. 하긴 지금도 유명하다는 호텔 커피숍을 들어가봐도 온통 조화로 장식을 해놓은 곳이 있다. 손님들의 미적 감각을 무시한 처사다. 딱딱한 사무실 환경 개선을 위해 그리 크지 않은 컨테이너나 플라워 박스를 설치해보자. 반음지 또는 음지에서 자라는 식물들을 잘 배치해놓으면 분위기는 확연히 달라진다.

여행사 사무실의 야자수는 여행에 대한 충동을 불러 일으키고, 수영장에 재현된 열대림은 사람들에게 이국적인 정취를 불러일으켜 준다. 실내조경은 단지 멋을 내는 것이 아니라 실내 환경을 개선시키면서 작업의 능률을 배가시키는 데 목적이 있다.

실내 정원, 업무 효율성을 높인다

업무공간은 직장인들이 가장 많은 사회적 활동을 하는 곳이다. 하루 중 8시간 이상을 체류하는 공간이기도 하다. 따라서 업무 환경이 향상될수록 업무 능률도 높아지게 마련이다. 특히 자연경관이나 식물은 긴장감을 해소시키고 시각적인 즐거움마저 선사한다. 이런 가운데 업무 능률 향상과 복지 차원에서 실내 정원이 적극 도입되고 있다.

실내 조경의 효과는 이미 입증이 됐다. 실내에 식재된 식물은 포름알데히드와 니코틴, 벤졸, 페놀 등 공기중의 유해성분을 정화해준다. 일부 음식점들을 가보면 실내에서 잘 자라는 화초들로 내부 장식을 해놓고 있다. 마치 숲속에 와있는 듯한 느낌을 주기에 서로 차를 마시고 담소를 나누는 모습 또한 정겨워 보인다. 집안에서도 아이비나 스킨답서스를 들

여놓고 길러보자. 잘 시들지 않기에 잘만 키우면 오랫동안 푸르름을 감상할 수 있다.

실내조경이란 한마디로 고정된 용기나 옮길 수 있는 용기에 식물을 심어 지속적으로 실내를 꾸며주는 것을 말한다. 여기에는 돌 담장, 실내연못, 오브제 등의 시설물도 동원된다. 실내조경의 최상의 조건은 건물 설계와 시공 때 전기, 물, 가습, 조명, 배수장치와 화단을 미리 계획하는 것이다. 특히 전기배선이나 수도공사, 가습기, 조명시설, 배수시설 등도 염두에 둬야 한다. 실내정원 조성 시 적절한 용기를 사용하면 교체와 관리가 용이하고 분위기에 따라 이동이 가능하다는 이점이 있다.

실내에서 식물을 기를 때 자연광이 부족하면 백열등이나 형광등 등 인공광을 보충해줘야 한다. 특히 실내 조경작업 시 가장 유념해야 할 부분은 지속성과 생생함이다. 아무리 보기 좋은 식물도 생장조건이 맞지 않으면 안 되기 때문이다. 식물의 생장과 발육은 근본적으로 내적인 유전특성과 외적 환경요인에 크게 좌우된다.

식물은 적합하지 않은 환경 조건에서는 생장을 멈추거나 여러 가지 생리장애 발생 현상을 보인다. 이에 따라 광, 온도, 수분, 대기 등 식물의 최적환경을 조성하는 데 초점을 맞춰야 한다. 따라서 식물의 선택은 실내조경에서 중요한 의미를 갖는다. 실내 조경 공간과 기후 조건에 맞춰 식물을 선택해야 하기 때문이다.

활용 가치가 높은 자투리 공간 '베란다'

　도시화가 가속화되고 공동주택이 보편화되면서 점점 자연과 접하기 어려운 환경이 됐다. 이런 가운데 실내 정원은 자연과 접하고 식물을 가꾸는 공간으로 주목을 받고 있다. 실내 공간의 정화와 웰빙에 대한 관심이 높아지면서 점차 실내에 식물을 도입하고 정원을 조성하는 사례가 늘고 있다.
　'베란다'는 아래층과 위층의 건축 면적 차이로 생기는 공간을 말하는 것으로, 최근 들어 아파트 베란다를 확장하는 가구가 늘면서 확장된 공간에 정원을 꾸미는 사람들이 많아지고 있다. 실내 정원은 삭막한 생활공간을 생명이 숨쉬는 공간으로 탈바꿈시킬 뿐만 아니라 유해 전자파를 줄이고 실내 온도 및 습도를 조절할 수 있는 효과까지 덤으로 얻을 수 있다.

공동주택에서 베란다는 실내 조경에 적합한 곳이다. 베란다는 실내공간과 외부공간의 중간 완충 역할을 해주는 곳으로 내부 깊숙한 곳보다 온도와 광 조건이 양호해 식물생육에 적당하다.

거실의 경우 사람들의 체류공간이 길다는 점에서 다양한 수종과 소품을 활용해 세밀하고 정교하게 조성할 필요가 있다. 그러나 공간이 비좁다는 느낌을 줄 경우 다양한 수종을 식재하는 것보다 수형이 독특한 한두 수종만을 식재하는 것이 더 나은 분위기를 연출할 수 있다.

또 실내 정원 조성 시 지나치게 정원에만 집중해 조성할 경우 수종이 과다하게 들어가 외부 경관을 가리거나 빛이 들어오는 것을 차단할 수 있다. 이러한 점을 고려해 크기 변화를 꾀하고 대체로 키가 작은 수종을 중심으로 식재해야 한다.

또 플라워 박스만을 설치하는 것보다는 좌우 주변에 박스 색깔과 비슷한 용기의 화분을 사용하면 식물이 훨씬 돋보인다. 최근에는 플라워 박스 안에 별도의 미니 분수시설이 설치돼 실내 습도 유지에도 도움을 주고 있다. 여기에 작은 조명을 곁들이면 더 좋은 모습을 연출할 수 있다.

도시민의 작은 휴식 공간 '발코니' 와 '테라스'

　베란다에 정원을 꾸밀 때 가장 먼저 고려해야 할 부분은 방수 및 배수 처리다. 베란다는 대부분 타일로 마감돼 있거나 바닥재를 깔아 높이가 거실과 같다. 때문에 타일이나 바닥재 위에 화단을 설치할 경우 장기적으로 누수 위험이 있어 반드시 방수 시트를 깔고 배수구를 따로 내줘야 한다.

　물이 잘 빠지도록 플라스틱으로 된 배수판을 깔고 그 위에 원예용 부직포를 덮어 토양이 배수구로 빠져 나오는 것을 방지한다. 흙은 실내에 벌레가 생기는 것을 막기 위해 멸균된 인공토(펄라이트, 피트모스)를 사용하는 게 좋다. 흙을 깔 때는 배수용 인공토를 바닥에 먼저 깔고 배양용 인공토와 배양토를 섞어준다. 인공토는 100 l 한 포대 기준 7,000~9,000원 수준이며 배수판은 1개(50㎠)당 2,000~3,000원 정도다. 하중을 고려해 가급적 튼튼한 것을 고르는 게 좋다.

　식물은 당장 보기 좋은 것보다 1년 내내 보고 즐길 수 있는 식물을 골라야 한다. 계절의 변화에 따라 오래 꽃이 피거나 향기가 있는 식물들을 심는 게 보다 효과적이다. 햇빛이 드는 양지에는 히비스쿠스, 다투라, 올

린안다 등을 심는 게 좋은 방법이다.

　식물 식재 시 중심목을 중심으로 키 큰 순서대로 심되 수반 및 고형물을 배치해 전체적인 균형을 맞춰 준다. 물 주는 주기가 비슷한 식물끼리 심는 것이 식물 식생에 좋다. 키 큰 식물의 잎 모양과 그 아래에 배치되는 잎 모양이 서로 대비되게 배치하면 어색하지 않게 조화로운 모양이 된다.

　낡은 욕조나 나무 상자들의 대형 용기를 이용해 베란다 정원을 꾸미는 방법도 있다. 용기 모양이나 크기에 따라 다양한 분위기를 자유자재로 연출 할 수 있다.

　사과 궤짝 크기의 플랜트 박스에 갖가지 식물을 심는 이동식 정원도 있다. 키가 큰 식물과 작은 식물을 한데 모아 멋스럽게 연출할 수 있고, 박스 아랫부분에 바퀴가 달려 있어 다른 곳으로 이동이 용이하다.

　우리말로 노대라고 불리는 발코니는 외벽에 돌출돼 공중에 뜬 형태로 있다. 크지 않은 공간이지만 이 곳에 화분을 놓거나 소정원을 꾸미면 본인뿐 아니라 밖에서 건물을 바라보는 사람들에게도 신선함과 청량감을 줄 수 있다. 유럽에 가면 대부분의 건물에 발코니가 있다. 또 발코니마다 화분이 놓여져 있고 일부는 나무 상자 등을 이용해 화단을 설치한 경우도 있다. 발코니에는 아래로 흘러내리는 식물을 심는 게 효과적이다.

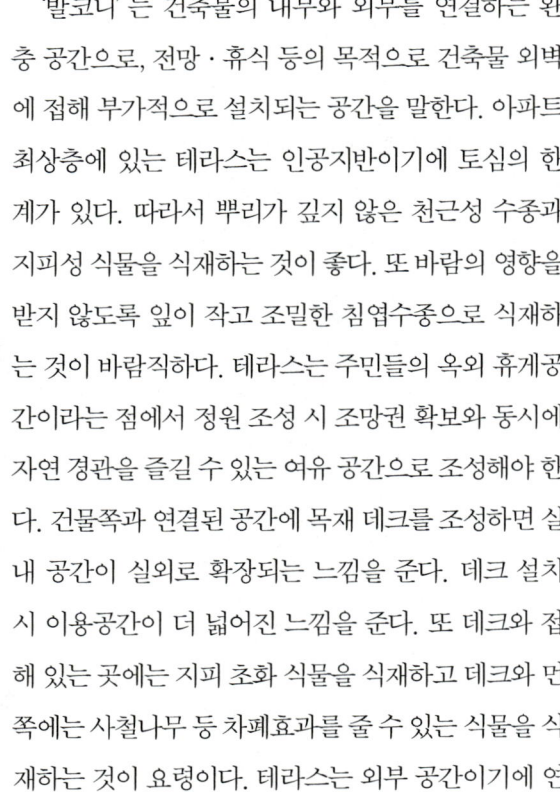

'발코니'는 건축물의 내부와 외부를 연결하는 완충 공간으로, 전망·휴식 등의 목적으로 건축물 외벽에 접해 부가적으로 설치되는 공간을 말한다. 아파트 최상층에 있는 테라스는 인공지반이기에 토심의 한계가 있다. 따라서 뿌리가 깊지 않은 천근성 수종과 지피성 식물을 식재하는 것이 좋다. 또 바람의 영향을 받지 않도록 잎이 작고 조밀한 침엽수종으로 식재하는 것이 바람직하다. 테라스는 주민들의 옥외 휴게공간이라는 점에서 정원 조성 시 조망권 확보와 동시에 자연 경관을 즐길 수 있는 여유 공간으로 조성해야 한다. 건물쪽과 연결된 공간에 목재 데크를 조성하면 실내 공간이 실외로 확장되는 느낌을 준다. 데크 설치 시 이용공간이 더 넓어진 느낌을 준다. 또 데크와 접해 있는 곳에는 지피 초화 식물을 식재하고 데크와 먼 쪽에는 사철나무 등 차폐효과를 줄 수 있는 식물을 식재하는 것이 요령이다. 테라스는 외부 공간이기에 연못과 분수를 설치할 수 있다. 분수를 설치하면 생동감을 높일 수 있고, 여기에 더해 조명 시설을 갖추면 야간에도 자연의 정취와 풍광을 감상할 수 있다. 여기에 물확과 돌하루방, 장대석 등 여러 가지 자연석을 함께 배치하면 더욱 좋다.

버려진 공간에서 낭만의 장소로 '옥상정원'

아스팔트 도로와 콘크리트 건물만 가득한 도시 속에 갇혀 있다 보면 흙의 감촉과 땅의 냄새가 그리워지게 마련이다. 옥상정원은 도시민의 이러한 욕구를 충족시켜 줄 수 있는 지혜로운 대안이다.

옥상은 더 이상 지저분한 물건을 쌓아두고 빨래를 널어두는 공간이 아니다. 옥상정원은 '죽은 공간'으로 방치되던 값비싼 대지인 옥상을 쓸모

있는 공간으로 부활시킬 수 있는 요지다. 또한 옥상정원은 숨 막히는 콘크리트 도시에서 자연의 생명과 활력이 넘치는 녹색 공간을 확보할 수 있는 효과적인 거점이다.

무분별하게 개발된 도심 환경 속에서 옥상 녹화 중요성은 갈수록 커지고 있다. 우선 우리 현실은 녹화할 땅이 크게 부족하다. 서울시를 예로 들더라도 빼곡히 들어선 건물로 인해 빈 땅을 찾기 어렵다.

옥상 녹화는 도심지역의 부족한 녹지공간을 확보할 수 있고, 도시환경에 자연적인 요소를 가미할 수 있는 등 여러 가지 좋은 점이 있다. 생물이 살아 숨쉬는 환경을 만들어줌으로써 자연생태계 복원에 기여할 수 있는 데다 도시미관을 크게 개선시키는 이점이 있다.

　동식물이 살 수 없는 공간은 인간에게도 큰 해악을 끼친다. 시민들에게 휴식공간을 제공한다는 차원에서 일상에 지친 도시민들에게 활력을 불어넣을 수 있다. 특히 우리가 갈구하는 자연의 모습을 가까이서 접할 수 있다는 점에서 옥상 녹화는 거듭 강조해도 지나치지 않는다. 도시의 발달은 인간과 자연의 접촉 기회를 그만큼 줄이고 있다. 숲이 사라지면서 대기 오염도 심각한 수준에 와 있다.

　서울시에 따르면 서울시내 생활권 공원면적 1인당 1㎡를 늘리기 위해서는 1032만 1496㎡의 녹지가 필요한 것으로 나타났다. ㎡당 땅값을 최소 100만 원으로 계산한다고 해도 103조원이 넘는 엄청난 자금이 필요하다. 한마디로 1인당 1㎡의 지상녹지면적을 더 확보하기란 사실상 불가능하다. 옥상녹화가 유일한 대안이라고 강조하는 것도 이런 이유에서다.

　옥상녹화는 많은 경제적 효과를 가져다 준다. 옥상녹화로 건물가치가 상승하게 되고, 건축주는 임대료 수입을 늘릴 수 있다. 지방자치단체의 경우 세입증대 및 인접지역의 활성화를 촉진시킬 수 있다. 옥상녹화 시 냉난방 효과가 커진다는 점에서 에너지 비용 절감 및 건축물 보호에도 큰 도움이 된다. 옥상에 나무와 화초류를 식재할 경우 온도변화에 따른 손상을 예방할 수 있고, 따라서 건물 내구성 향상을 꾀할 수 있다. 건물 신축시 지상에 의무적으로 일정 면적 이상의 조경면적을 확보해야 하는 규정에서도 자유로울 수 있다. 새나 곤충의 서식지가 되고 야생동물의 이동통로 역할도 담당한다. 또 도시경관이 향상되고 휴식공간이 늘어난다. 대기오염도도 크게 완화시킬 수 있다. 이산화탄소, 아황산가스 등 대기오염 물질의 흡수로 자연 공기 정화 능력이 향상되고, 도시 열섬 현상도 완화시켜 준다. 지붕조경을 도입한 건물의 표면 온도는 기존 옥상 표면보다 약 2도 정도가 낮고, 건축물 옥상 전면을 녹화할 경우 연간 약 16.6%의 에너지를 절감할 수 있다. 옥상 녹화의 토양층은 소리 파장을 흡수해 분쇄시킴으로써 소음을 감소시켜주는 효과도 있다. 실제로 20cm의 토양층이 46db의 소음을 감소시키는 것으로 나타났다.

옥상 조경작업 시 점경물이나 자연석, 수경시설, 디딤돌, 울타리, 조명, 벤치, 퍼걸러, 목재 데크 등의 소품을 활용하면 보다 아름답고 생기 있는 공간을 연출할 수 있다. 석등은 한국적인 정원을 표현하고자 하는 경우에 주로 사용되며, 정적인 분위기 연출에 좋다. 물확은 한국적 이미지를 풍기는 중요한 점경물이며 고여있는 물은 주변분위기를 정숙하고 차분하게 해준다.

옥상에 연인들을 위한 카페를 만들어라

옥상녹화는 건축물 옥상에만 적용되는 것이 아니다. 주차장 등 인공지반을 녹화하는 것도 해당된다. 인공지반이란 자연지반과는 달리 공간적으로 분리된 인공구조물로서 별도의 조치가 없이는 생물이 서식할 수 없는 공간을 말한다. 인공지반에는 건물 옥상과 포장된 주차장, 전철역 플랫폼, 하천복개도로, 하수처리장 복개부, 지하시설물 복개부, 교량 상판, 지하주차장 상부 등이 포함된다.

도심부 옥상녹화는 세계적인 추세다. 일본 동경의 경우 일정 규모 이상 건축건물에 대해 옥상면적의 20%를 녹화하는 것을 의무화하고 있고, 미국 시카고의 경우도 주거와 상업업무용 옥상 녹화 시 5,000달러까지 지원해주고 있다.

옥상녹화가 최초로 진행된 독일에서는 1983년부터 1997년까지 15년 동안 옥상녹화 공사비와 기술을 시민들에게 지원했다. 독일에서는 이미 옥상녹화가 일반화돼 있다. 서울의 중대형 건물 옥상에 녹지를 조성하는 옥상정원 사업이 점차 확산되고 있다. 일부 옥상정원의 경우 어린이를 위한 생태학습장으로 활용되는가 하면 영화 TV 드라마 촬영지로도 각광받고 있다. 시청 별관 초록 뜰을 비롯 유네스코 회관, 희망찬 유치원, 고려대, 욱도 빌딩 등이 서울시의 지원을 받아 옥상 정원으로 탈바꿈했다. 지난 2005년 개관한 충무로1가 신세계 백화점 본점(417평) 옥상에서는 생태체험과 재즈클래식 등 다양한 공연이 연중 펼쳐지고 있다.

옥상녹화 시스템(Green Roof System)은 구조부와 식재 기반으로 나뉜다. 구조부는 구조체(슬래브), 단열층, 방수층을 말하고 식재 기반은 방근층, 배수층, 토양여과층, 육성토양층으로 구분된다.

한국건설기술연구원 김현수 박사는 "블랜트 박스(Plant Box)형 녹화에서 건축과 조경을 융합한 선진국형 옥상녹화시스템으로 바뀌고 있다"며 "옥상녹화시스템의 유형은 크게 관리-중량형 녹화와 저관리-경량형 녹화, 혼합형 녹화시스템으로 구분할 수 있다"고 말했다.

저관리 경량형은 낮은 토심(20cm 이하)과 흙의 무게가 ㎡당 100kg 내외여야 하고, 지피식물 위주로 식재된다. 돌나물, 채송화, 애기기린초 등 자생 세듐과 Acre, Spurium, Album 등 외래 세듐을 식재한다. 세듐류의 경우도 시간이 지날수록 양분 부족현상이 나타날 수 있는데, 이 경우 바크를 토양과 배합해 지속적으로 유기물을 공급해줘야 한다.

저관리 경량형은 최소 관리로 최초 식재한 식물이 이입종에 영향을 받지 않고 10~15년간 지속되는 장점이 있다. 관수, 시비, 예초 등 지속적인 관리 없이도 식생층이 유지되는 시스템을 말한다. 사용되는 토양은 인공토양이다.

이 때 식재종 간 경쟁이 발생하지 않도록 설계해야 한다. 관리 중량형 옥상 녹화시스템은 토심이 20cm 이상으로 지피식물과 교목, 관목 등을 식재하게 된다. 건축물 구조상 토심과 식물종 도입에 구애됨이 없이 자유롭게 식재할 수 있다는 점에서 소생태계 조성에 가장 적합하다. 다만 지붕 하중에 적지않은 영향을 주는 만큼 구조적 안정성이 확보된 신축건물에 적용해야 한다. 크고 많은 뿌리를 가진 식물은 높은 화기에 심어 적당한 장소에 배치한다. 혼합형 옥상녹화시스템은 경량형과 중량형을 혼합한 것으로, 전체적으로 10~20cm의 낮은 토심을 유지하지만 군데군데 언덕을 만들어 키가 큰 관목 등을 식재하게 된다. 관목 등은 가급적 구조적 내력이 상대적으로 강한 곳에 식재돼야 한다. 옥상을 어떤 식으로 옥상조경을 할 것인지는 예비진단과 구조 안전정밀 진단을 실시한 뒤 주어진 허용응력 범위 내에서 유형을 결정하게 된다.

　녹화시스템을 결정한 후에는 식재 플랜이 작성돼야 한다. 생태적 지속성과 계절감, 경관가치, 성상 구성 등을 고려해 적합한 식물소재를 선택해야 한다. 옥상조경 시 가장 중요한 것은 건물의 구조적인 안전성이다. 하중 1㎡에 10cm의 흙을 깔았을 경우 200kg의 하중을 받게 된다. 20cm면 400kg으로 배가 늘어난다. 따라서 옥상 조경 시 구조물에 대한 안전진단은 필수다. 현재 서울에만 구조안전진단 전문업체가 100여 개를 넘는다. 토양에 대한 하중 부담을 줄이기 위해 일반적으로 인공 경량토를 사용한다. 생물서식공간 조성을 위해서는 가급적 자연토양을 사용하는 것이 바람직하다. 자연토양은 유기물의 함량이 풍부하고 함께 묻어 들어오는 식물종자 등으로 식물의 다양성 증진에 도움이 된다. 또 곤충이나 다른 생물 종의 증진에도 기여할 수 있다. 인공 경량토를 사용할 경우 피트머스 난석 펄라이트를 1:1:0.5 비율로 섞어 넣으면 된다. 난석은 중짜리 50%, 큰 것과 작은 것은 각각 25% 정도 넣으면 된다. 또 수분을 잘 저장할 수 있어야 하고 배수가 잘되는 흙이어야 한다.

　배수층 확보도 중요하다. 배수구에 식물의 뿌리가 끼지 않도록 세심한 주의가 필요하고, 낙엽이나 쓰레기로 막혀 물이 넘치는 것을 방지하기 위해 점검구를 설치해야 한다. 점검구는 토양층에 묻혀서는 안 되며, 적정 직경의 배수구가 적정 갯수만큼 설치돼야 한다. 지금까지 옥상녹화를 하면서 배수층의 배수 불량이 원인이 돼 뿌리가 썩는 것이 가장 큰 문제로 지적되고 있다. 이 경우 옥상녹화를 하기전보다 더 못한 상황이 되고 만다. 옥상 녹화의 환경은 식재된 식물의 뿌리가 침입할 수 있는 손상 여건이 조성됨으로써 모든 방수층 및 방근층은 이에 대한 대응 능력을 가지고 있어야 한다.

　방수공법으로는 아스팔트열방수적층공법, 개량아스팔트시트방수, 폴리우레탄도막방수, FRP 도막방수, 우레탄-FRP 복합방수, 염화비닐게시트방수 등이 있다. 시트 방수의 경우 일체화된 조인트부로 시공 처리해야 한다.

　먼저 방수와 방근층을 만들고 배수층을 설치해야 한다. 여기에 적절한 시설물을 설치한 뒤 수목과 화초 등을 심어 녹화작업을 완성하게 된다. 배수층과 배수로 배수구를 잘 만드는 것이 제일 중요하다. 옥상녹화의 하자 부분은 대부분 여기에서 발생한다. 특히 가장 자리 부근에는 반드시 배수구를 설치해야 한다. 빗물이 벽을 치면서 한쪽에 고이게 되므로 배수가 잘 되지 않을 경우 흙과 함께 식물이 휩쓸려 내려가기 쉽다. 방수가 된 지붕 위에 조경작업을 진행할 경우 먼저 방수전을 깔아야 한다. 그 위에 다시 부직포를 깔고 배수관을 얹는다. 안전사고 예방을 위한 시설물 설치도 중요하다. 안전난간 높이를 확보해야 하고 식재한 관목이 강한 바람에 쓰러지지 않도록 지지대를 설치해줘야 한다. 난간의 안전 상태도 수시로 점검해야 한다.

옥상조경, 지속적인 관리가 생명

식물 식재 후에는 뿌리가 기존 토양에 완전 밀착되고 새 뿌리가 형성돼 지하부 생육조건이 완전히 완성될 때까지 적정한 수분관리가 이뤄져야 한다. 뿌리가 완전히 활착한 후에는 가뭄과 장마로 인해 식물이 과습 또는 건조로 인한 피해가 발생하지 않도록 점검해야 한다. 외래 잡초를 비롯한 불필요한 잡초가 우세할 경우 식재된 식물의 수분과 양분을 빼앗아 식재된 식물에 하자가 발생되기 때문에 식물의 뿌리가 활착될 때까지

제초 관리에 철저를 기해야 한다.

식재 후 생육이 저조할 경우 시비를 해줘야 한다. 이 때 단기적인 효과를 위해 액비나 화학비료를 사용할 수 있으나 가급적 유기질 비료를 사용하는 것이 토양보호에 좋다. 병충해가 발생했을 때는 농약 살포를 금지하고 병든 개체나 부분을 없애주고, 충해의 경우 해충을 도구나 천연약제 등을 이용해 제거해주면 된다. 옥상녹화에 적합한 수목은 건조에 강한 수목, 바람에 강한 수목, 뿌리가 얕은 수목, 성장이 느린 수목, 관리가 용이한 수목이어야 한다.

건물 옥상은 위치가 높다는 점에서 바람의 영향을 피할 수 없는 곳이다. 수목이 넘어질 경우에는 안전사고를 발생시킬 수 있고 토양의 수분을 빠르게 증발시키기도 한다. 철조망이나 목책, 방풍그물 등은 파풍(破風) 효과를 가져다 준다. 식재된 식물을 보호하기 위해서는 지지대를 설치해주는 것도 좋은 방법이다.

옥상조경 작업 시 이용자에 맞게 설계가 이뤄졌는지, 동선의 순환 및 폭은 적당한지, 식재 종류가 계절별로 다양하고 특색 있게 식재됐는지도 점검사항이다. 휴지통, 벤치 등 편익시설은 잘 배치시켜야 한다. 모든 분야가 다 그렇듯 옥상조경을 비롯한 조경에서 관리가 제일 중요하다. 현재 대부분의 조경업자들은 화단을 설치하고 잘 죽지 않는 나무들을 심어주는 것으로 서둘러 일을 마무리하는 경우가 많다. 건설업체로부터 하청을 받는 경우가 대부분이어서 전문성 및 직업의식이 부족한 탓이다.

옥상조경은 잘 관리하지 않으면 아예 옥상조경을 하지 않은 것만 못하게 된다. 더 흉한 모습을 하게 되고, 죽은 나무들과 엉켜있는 잡초들은 쓰레기 치우는 것보다 더 어렵다. 전국 어디를 가도 똑 같은 모습을 하고 있는 건물 주변 화단도 문제다. 각 지역별로 특색을 살린 조경이 아쉽다.

도심 벽면을 푸르게 '벽면 녹화'

벽면녹화를 잘 활용할 경우 가장 적은 예산으로 가장 큰 효과를 볼 수 있는 이점이 있다. 벽면녹화 사업은 도시가 급성장하는 과정에서 다량으로 양산된 인공구조물 벽면 아래에 화단을 만들고 덩굴식물 등을 심어 벽면 전체를 푸르게 복원하는 사업이다.

　벽면조경은 도시미관을 해치는 회색공간을 녹지공간으로 탈바꿈시켜 준다. 인공으로 만들어진 콘크리트 옹벽과 방음벽, 절개지, 콘크리트 담장 등에 담쟁이와 능소화, 송악 등 넝쿨식물을 식재하면 도시 경관이 크게 개선된다. 녹지화된 건물 외벽의 모습은 밝고 가볍고 명랑한 느낌을 준다. 이들 구조물을 넝쿨식물로 녹화하면 곤충 등 작은 동물에게 서식지를 제공, 도심 생태계 복원에도 도움이 된다. 또 식물이 태양 복사열을 차단해 열에너지가 절감되고 산성비와 자외선 차단으로 콘크리트 균열과 도료 탈색 등을 막아 구조물의 수명을 늘리는 일석이조의 효과가 있다. 이 밖에 눈에 보이는 녹지 비율인 녹시율도 크게 올라간다.

　서울시는 이같이 가로 경관을 망치는 콘크리트 옹벽, 방음벽, 석축, 담장 등 인공구조물 벽면에 담쟁이 등 덩굴성식물을 식재해 푸르게 가꾸는 '벽면녹화사업'도 전개하고 있다.

묘지를 가족 공원으로 만들어라

묘지 조경 문화도 조만간 일반화될 가능성이 높다. 아직까지 우리나라에서 화장장이나 묘지는 혐오시설에 해당돼 도심과 멀리 떨어진 곳에 위치해 있다. 지역 주민에게 공포감이나 고통을 주거나 주변 지역의 쾌적성이 훼손됨으로써 집값이나 땅값이 내려가는 등 부정적인 외부효과를 유발하는 시설로 알려져 있다.

매장풍습이 유지되고 있는 우리나라의 전체 분묘는 약 2,000여 만 기로 추산된다. 면적으로는 약 998㎢에 달한다. 국토면적(9만9600㎢)의 1%, 서울시(605㎢)의 1.6배 규모이다. 해마다 18만기의 묘지와 납골 묘가 조성돼 여의도 면적(840ha) 만큼 산림이 훼손되고 있다.

그러나 화장보다는 매장 문화가 대세인 미국은 일반 주택가보다 주변 환경이 더 쾌적한 추모공원을 조성해 시민 휴식공간으로 활용하고 있다. 추모공원이란 화장장이나 묘지에 녹지를 비롯 다양한 문화시설을 조성해 시민들이 휴식공간으로도 이용할 수 있게 만든 시설이다. 유럽을 가보면 동네 어귀에 잘 정돈된 공원 묘역 등을 흔히 볼 수 있다.

놀이공원 형태로 꾸며져 있기에 누구나 부담 없이 공원을 찾아 산책을 할 수 있고, 가족과 함께 즐거운 시간도 보낼 수 있다. 최근 들어 국내에서도 이 같은 유형의 유럽형 봉안 묘역이 등장했다.

종합예술인 '조경가' 인간의 정서를 어루만진다

　조경가는 만능인이어야 한다. 단순한 시공자가 아니라 자연의 섭리를 이해하고 예술적인 재능을 가지고 있어야 한다. 각종 조형물을 적재적소에 설치해야 하기에 조형재료에 대한 정보를 많이 알고 있어야 한다.

　어느 곳에 가면 어떤 나무가 있고, 조경재료가 있는 지를 속속들이 파악하고 있어야 한다. 식물의 생태학적 특성도 숙지해야 한다. 계절과 장소에 따라 적절한 식물군을 식재해야 하기 때문이다. 아울러 식물에 대한 폭넓은 지식과 소양이 요구된다. 각 식물의 특성과 생리, 생태, 형태 외에 재배·이식·비료·관리와 관련된 전문적인 지식이 있어야 한다. 예술적인 시각과 감각은 기본이다.

　나무와 화초가 다 자랐을 때를 예상하고 식물을 식재해야 한다. 식물별로 어느 정도의 크기와 넓이, 높이로 자라는지 알고 식재를 해야 한다. 발품을 많이 들여야 하고, 어느 정도 체력이 필요한 만큼 건강한 신체 단련에도 소홀히 해서는 안 된다. 의견 조율 능력도 중요하다.

자기 작품 세계만을 주장하기보다는 가장 뛰어난 작품을 만든다는 프로 의식 하에 건축가 설계자 조각가 등의 의견을 수렴해 가장 좋은 아이디어를 도출해내야 하기 때문이다.

소비자와 고객에게 조경후 달라진 모습을 보여주기 위해서는 말로서만 되는 게 아니기에 식물계획도 시공계획도, 작품평면도, 입면도, 단면도, 투시도 각종 다이어그램을 적절히 활용할 줄 알아야 한다. 고객의 심리와 취향도 염두에 둬야 한다. 각기 생각하는 미적기준과 시각이 다르기 때문에 고객의 수요와 욕구에 맞는 작품을 설계해 제시해야 한다.

조경가는 누구보다 자연에 대한 강한 사랑과 열정이 있어야 한다. 자연을 재창조해 연출하는 역할을 담당하는 만큼 자연의 속성을 잘 알아야 한다. 단지 하나의 사업 아이템으로만 접근해서는 안 되는 이유가 여기에 있다.

단순히 물건을 제조하거나 판매하는 영업행위가 아닌 만큼 나름의 철학과 예술관이 분명해야 한다.

또한 조경과 관련된 각종 재료 다루는 법을 충분히 습득해야 하고 설계 작업에 대해서도 일정 수준 이상의 지식을 보유하고 있어야 한다.

'녹지를 확보하라' 공원화 사업 활발

울산대공원은 도시민의 삶의 질을 높이기 위해 조성된 종합공원이다. SK주식회사는 기업이익의 사회 환원 차원에서 지난 1996년부터 2006년까지 10년간 1,000억 원을 들여 110만 평에 이르는 대규모 공원을 조성, 울산광역시에 무상으로 기증했다.

크게 자연학습지구, 환경테마놀이지구, 가족피크닉지구, 청소년시설지구 등으로구분돼 있고, 장미계곡, 테마초화원, 어린이 동물농장, 나비원, 환경테마놀이시설, 파크골프장 등 다양한 테마공간으로 조성돼 시민들에게 충분한 휴식공간을 제공하고 있다.

환경테마놀이시설은 시설 및 조형물 설치를 통해 놀이과정에서 몸소 자연 현상의 원리와 과학 원리를 이해하고 체험할 수 있도록 했다.

넓은 잔디밭으로 조성된 잔디마당은 서비스 동선과 잔디마당 사이의 식재부를 마운딩하고 산벚나무, 금목서, 화관목 등을 심어 공간을 차폐하고 경관적 가치를 높였다.

야생초화원은 산과 들에서 자라는 야생초본을 식재한 공간이고, 암석원은 석축이나 돌담, 바위틈 등 돌이 많은 건조한 토양에서 자라는 건생식물들이 식재돼 있다.

선유도는 신선이 노니는 봉우리라는 이름이 붙여질 정도의 아름다운 선유봉이 있는 작은 섬이었다. 오늘날에는 일제 시대의 암석채취로 옛날의 선유봉은 찾아볼 수 없다. 그러나 한강 위에 떠있는 자연학습장으로 역할을 톡톡히 하고 있는 생태공원으로 변모했다.

정수장 시설이 들어서 있던 공간의 흔적을 일부 남겨 수생식물 공간으로 조성했다. 선유도 공원은 다른 어느 공원보다 폐허의 흔적이 잘 남아있다. 검게 녹슨 기둥과 파이트, 거친 질감의 콘크리트 표면은 분명 색다른 체험을 선사한다.

정수장의 파이프라인 등을 놀이공간이나 습지로 꾸미고, 기본의 벽과 기둥 등을 그대로 활용해 심지적 가치를 높인 조형물로 탈바꿈시켰다. 특히 길이 469m의 한강최초의 보행전용교량인 선유교가 선유도 공원으로 연결돼 있다. 무지개 형상의 아치교인 선유교는 야간 조명 시 그 아름다움을 더한다.

분명 선유도 공원은 한국조경설계의 이론적-실천적-미학적-대중적 수준을 한단계 업그레이드시킨 수작으로 평가 받고 있다. 선유도 공원은 산업시설의 부지와 구조물을 그대로 남기면서 그 시스템과 프로세스를 재활용함으로써 포스트-인더스트리얼 조경설계의 새로운 지평을 열었다. 여의도 공원과 서울숲은 한국 조경설계를 언급할 때 빠뜨릴 수 없는 부분이다. 여의도공원은 1996년 뉴욕의 센트럴파크와 같은 공원을 서울의 중심에 만들겠다는 취지에서 조성됐다.

옛날 여의도는 나의주, 너섬, 양마원으로 불리던 것으로, 소수의 주민들이 밭을 일구거나 말 같은 가축들을 키우면서 살던 곳이다. 일제 침략기 군대 훈련장으로 사용되면서 1916년 한국 최초의 군용비행장으로 건설됐고, 광복 후까지 국제공항으로 사용됐었다. 여의도 광장은 김일성 광장보다 더 크게 지으라는 박정희 대통령의 지시에 따라 1971년 완공됐다. 박 전 대통령은 광활한 이 광장을 5·16광장이란 이름을 붙이고 각종 군사 퍼레이드와 대규모 반공 궐기대회 등을 열게 했다.

그러나 서울시가 아스팔트로 덮여있던 이곳을 10만 평 규모의 숲이 우거진 공원으로 조성한다는 방안을 최종 확정했고, 마침내 1997년 4월 광장의 아스팔트를 걷히게 된다.

서울시의 몇 안 되는 개발 가능지 중의 하나인 뚝섬지역 개발은 최근 강남북 균형 발전과 맞물려 주목을 받고 있다. 서울의 센트럴 파크 서울숲은 지난 2005년 6월 일반에 개방됐다. 성동구 성수동 1가 685번지 일대에 35만평 규모로 조성된 서울숲은 규모면에서 여의도공원의 다섯 배가 된다. 자연상태에서 고라니와 사슴이 뛰노는 생태 숲도 조성됐다.

제2장. 조경 시공 A~Z
정원조경을 중심으로

Gardening
Gardening

   조경작업은 그 규모가 크고 작건 간에 지반 정리 등 토목공사 외에 바닥, 돌담, 울타리, 연못·분수 설치작업이 병행된다. 물론 식물 식재가 중요한 부분이다. 식재된 식물이 주변 환경과 잘 어울리고 더 빛을 발하기 위해서는 이 같은 다양한 조경 요소가 잘 조화를 이뤄야 한다. 여기에 조각품이나 미술품 등 각종 조형물이나 물레방아, 석등, 정자, 누각, 벤치 등이 함께 어울러질 경우 하나의 예술작품으로 승화된다.

'가든 디자인'을 아시나요

   조경에 대한 관심이 높아지면서 '가든 디자인'(Garden Design) 개념이 일반화되고 있다. 한마디로 가든 디자인이란 좋은 조경 작품을 만들기 위한 것으로 울타리 안으로 자연을 끌여들여 재창조하는 작업이다.
   조경 디자인시 가장 중요한 원칙은 '자연과의 조화' 다. 제 아무리 비싸고 화려한 수목과 화초를 심어놓았더라도 서로 조화를 이루지 못하면 공사를 하지 않은 것보다 못하다.
   자연을 재창조하는 일은 풀과 나무, 돌, 사람과의 관계를 새롭게 만드는 과정이다. 울타리 안으로 끌어들이지만 우리 삶의 형태에 가장 적합하게 재창조해야 한다. 정원은 옥외 생활 공간으로 건축공간의 일부이자 휴식 및 레크레이션 기능을 갖는 공간이다. 정원은 시각적인 즐거움 외에 식물의 생장과 곤충 등을 관찰할 수 있는 자연교육의 장으로서도 가치가 높다. 심리적 안정감을 유지하거나 스트레스나 긴장감 해소에 더할나위 없는 치료제이다.

측량-도면 그리기

도면을 그리기에 앞서 현장에 직접 나가 측량을 먼저 해야 한다. 메모지 등에 개략적인 수치 등을 기입하고, 필요한 곳은 사진으로 촬영해두

는 것이 좋다. 사진 자료는 가급적 많이 확보하는 게 도움이 된다. 일일이 현장에서 기재해야 하는 번거로움을 줄여준다.

현장 방문시에는 줄자와 카메라, 나침반, 조도계, 수평계, 전단지, 시방서, 필기구, 명함, 기존 설계 및 시공사진 자료 등을 가지고 간다. 이는 조경 대상지의 크기와 위치 등을 파악하기 위한 것으로, 현장 점검표를 꼼꼼하게 작성할수록 실수를 줄일 수 있다.

이후 주어진 상황에 맞게 상황도를 완성해야 한다. 지면의 높낮이(굴곡)와 울타리 면적 크기, 계단 등을 측정한다.

측량시 기준점 설정이 가장 중요하다. 면적과 거리, 범위 등을 알아야 하고 나무와 주택과의 거리 등도 체크해야 한다. 측량의 정확도를 높이기 위해 측량법에 대해 숙지하고 있어야 한다. '수준기' 이용시 보다 정확한 측량이 가능하다. 요즘에는 레이저 수준기를 이용하기도 한다.

기준이 되는 높이를 잡는 작업도 매우 중요하다. 기준 높이는 언제라도 쉽게 찾을 수 있어야 한다. 수준기를 사용할 때는 높이를 재고 싶은 곳과 비슷하거나 더 높은 곳에 놓고 측량하는 게 좋다.

측량을 한뒤 상황도를 만들고 이것을 가지고 사무실로 가서 작업을 하는 것이 효과적이다. 이 때 움직일 수 없는 것들은 도면에 다 표시돼야 한다. 필요시 현장 사진을 찍어 두는 게 사무실에서 작업할 때 도움이 된다.

도면의 종류

상황도는 주변 환경에 맞게 그려야 한다.

이어 식물 계획도를 완성해야 한다. 식물 계획도 작성시 식재 장소에 맞는 식물에 대한 정확한 지식이 필요하다. 다년생 초본류와 지피식물, 덩굴식물, 관목 등 식재할 식물의 종류 외에 수량 등도 기입해 놓아야 한다.

식물계획도는 색칠을 해주는 게 시각적인 효과가 높다. 조경 공사후의 모습을 미리 떠올려볼 수 있는 장점이 있다.

시공계획도(실행도)는 실행에 옮기지 못하면 쓸모없는 도면에 불과하다. 따라서 조형적으로 어떻게 시공할 것인지, 계단의 종류를 선택했다면 어떻게 시공할 것인지 계획이 서 있어야 한다.

도면을 그릴 때는 도면 윗쪽에 도면 제목을 기입해야 한다. 또 시공자명과 도면을 제작한 이름도 기입돼 있어야 한다. 이름이 적혀있지 않을 경우 다른 사람이 이를 도용할 가능성도 있다.

축척과 도면 제작 날짜, 방위표시도 잊어서는 안 된다. 축척은 통상 1:100이나 1:50을 주로 사용한다. 큰 정원일 경우 1:200을 사용하기도 한다. 축적이 1:100이라면 실제 1m의 크기를 100분의 1로 표시한다는 뜻이다.

방위 표시는 식물계획도 작성시 중요한 역할을 한다. 방위 표시에 따라 식물 종류가 선택되기 때문이다. 보충설명이 필요할 경우 도면 한쪽에 상세도 등을 별도로 만들 수 있다. 도면을 제작할 때 위와 아래, 좌우에 여백을 둬야 한다. 도면을 철해 놓을 공간이 필요하기 때문이다.

실행도는 어떤 사람이 보더라도 그대로 만들 수 있을 만큼 구체적이어야 한다. 따라서 수치와 각도 등도 모두 표시돼 있어야 한다. 시공자는 실행도를 볼 수 있는 능력과 측량법을 알고 있는 사람이어야 한다.

도면의 종류중 구상도가 있다. 치수를 재지 않고 자유롭게 스케치 형식으로 그린 도면으로 시공후 모습을 개략적으로 파악할 수 있다. 평면도는 가장 기본이 되는 도면으로 각종 도면의 밑바탕이 된다. 통상 바닥면에서 1m 높이에서 수평으로 절단한 면을 위에서 바라본 것을 나타낸 것으로, 도면상에는 벽 창문 등 구조적 요소들이 기입된다.

단면도는 특정 부위의 수직적 평면을 나타낸 도면이다. 단면도를 만드는 것은 구조물이나 식재, 배수구조 등을 손쉽게 알아볼 수 있도록 하기 위해서다.

특정 부분에 대해 보다 자세하게 설명해주고 싶을 때는 상세도를 그려준다. 입면도는 사용된 자재의 재질과 수목의 상하관계 등을 보여줄 때 사용되는 것으로, 구조물과 나무 등 각 요소의 전후관계도 표시된다.

투시도는 실제 장면 처럼 사물의 전후관계와 원근을 표시한 도면으로 공간의 넓이와 거리감 등을 느낄 수 있다. 사물을 볼 때 눈으로 인식되는 장면과 같다. 투시도는 평면도와 입면도, 단면도 등에서 표현되지 못한 요소들을 한꺼번에 알아볼 수 있다. 조감도는 말 그대로 새가 위에서 내려다 보는 시각으로 그려진 도면이다. 주변 옥상에서 바라다 본 것처럼 입체감을 느낄 수 있다. 컴퓨터가 사용되기 전에는 수작업을 통해 그렸으나 요즘에는 컴퓨터 그래픽으로 작업을 한다. 최근에는 3D 시뮬레이션을 활용한 컴퓨터 그래픽이 인기를 끌고 있다. 3D로 할 경우 완성된 모습과 유사하기 때문에 공사 수주 가능성이 높다. 3D 설계는 다양한 각도의 입체도면과 동영상 프로그램으로 실제와 같은 느낌을 준다.

조경 설계-가든 디자인

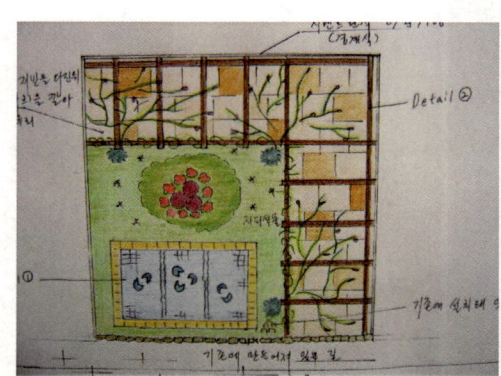

좋은 정원을 설계하기 위해서는 다음과 같은 원칙에 충실해야 한다. 고객의 취향과 요구가 담겨져 있어야 하고, 실내외 건축물과 잘 어울려야 한다. 또 자연의 멋이 담겨져 있고, 관리가 편해야 한다. 특히 오랫동안 봐도 지겹지 않고 항상 새로움과 신비감을 느낄 수 있어야 하고, 독창성과 디자인이 뛰어나야 한다.

시각적인 화려함보다는 정서적 측면을 우선적으로 고려해야 하고, 가급적 인공 소재보다는 자연적인 소재를 이용해 이질감이 적도록 해야 한다.

식물 배치시 환경을 고려해 식물의 광 정도에 맞게 배치해야 하고, 전체의 선이 살아있어야 하고, 편안함을 줄 수 있는 배치가 필요하다.

결론적으로 가장 자연스런 정원이 가장 아름답다는 점을 유념해야 한다. 정원을 설계할 때는 현장 방문을 통해 대상이 되는 공간에 대한 이해가 선행돼야 한다. 먼저 공간의 이용자가 어떤 유형을 선호하는지, 어떤 용도로 활용할 것인지를 충분한 상담을 통해 논의를 해야 한다. 가족 구성원에 대한 파악과 함께 의뢰자가 선호하는 색깔과 식물이 무엇인지도 상담시 고려해야 한다.

따라서 정원설계 과정에서는 인간행동 패턴에 대한 이해와 공간 분석 능력이 있어야 한다. 식물에 대한 이해는 가장 기본적이면서도 제일 중요하다.

설계 작업시 현장방문은 기본이고 관련 도면과 유사 사례 등 가급적 자료를 많이 수집하는 것이 좋다. 보다 뛰어난 작품을 만들기 위해서다.

또 설계를 할 경우 시공원가가 크게 절감되는 효과가 있다. 눈 대중이나 경험만으로 했을 때와 정확한 측량을 바탕으로 자재와 식물 수 등을 산출했을 때 공사비에서 큰 차이가 난다. 통상 15~20% 정도의 원가 절감

효과가 있는 것으로 알려지고 있다.

예를 들어 데크(Deck) 등을 바닥에 설치할 때 경사도 등을 고려하지 않고 했을 경우 다시 시공을 해야 하는 경우가 많아 그만큼 추가 비용이 소요된다.

조경 설계 전문회사 독일 데이터 플로어(DATA FLOA)

독일 조경이 오늘날과 같이 발전한 데는 조경 설계 산업의 발전과 무관치 않다. 독일에만 조경설계전문회사가 자그만치 200여개에 달한다. 또 하이코에거트 씨가 운영하는 조경회사와 같이, 조경만을 주업종으로 하는 회사도 1만 4,000여 개에 이른다.

우리나라의 경우 조경을 별도 범주로 보지 않고 건축의 일부로 보고 있다는 점에서 많은 대조를 이룬다.

현재 우리나라에서는 조경 설계만을 전문으로 하는 설계 회사를 찾기 어려운 실정이다.

독일 괴팅엔에 있는 '데이터 플로워'(대표: 한스 루드빅 호닉)는 25년 전에 설립된 회사로, 직원 수가 본사와 지사를 포함해 모두 70명이다.

이중 절반 이상이 조경사와 정원 설계사 출신들로 구성돼 있다. 이 회사가 자랑하는 것은 지난 1989년부터 개발한 조경전문 CAD 프로그램. 한마디로 컴퓨터를 통해 조경 설계를 하는 것으로 초보자라도 2주정도 교육을 받으면 도면을 설계할 수 있다는 게 이 회사 관계자의 설명이다.

데이터 플라워 교육 담당 토마스 씨는 "숙련가들은 웬만한 도면은 20~30분 내에 완성할 수 있다"며 "앞으로 한국에도 이 프로그램을 소개하고 싶다"고 말했다. 토마스 씨는 갈라바우 설계자이자 측정 전문가이기도 하다.

독일에서는 조경 설계 도면이 거래될 정도로 조경에 대한 관심이 뜨겁다. 데이터 플로워의 프로그램을 활용할 경우 식물계획도와 시공계획도 등을 손쉽게 만들 수 있다. 척도 비율을 1대1로 정한뒤 화단과 주차장 등의 조경 공간의 가로 세로 길이를 입력하면 각 공간의 전체 둘레와 넓이가 자동적으로 계산된다. 이 작업 과정에서 식재할 식물의 종류와 수량 등이 자동적으로 계산된다. 조경 작업시 이 화면을 프린트 한뒤 화훼 도매상가에 주문하기만 하면 된다. 마지막으로 원하는 축도 비율을 입력하면 도면 수치 등 모든 내용이 이 비율로 맞춰 조정이 된다.

테라스를 예로 들 경우 바닥재 형태와 바닥재 무늬 등도 이미 입력된 자료 등을 이용해 정할 수 있고, 색깔도 자유자재로 표현할 수 있다. 보다 자세한 정보를 기입하고자 할 경우 본 도면 옆에 상세도를 그려 보다 자세하게 조경 설계 내용을 표현할 수도 있다.

이 회사가 개발한 또다른 프로그램은 'Grün studio'로 현장을 촬영한 사진을 컴퓨터 화면으로 옮겨 설계 작업을 할 수 있다. 비록 정확한 면적 등을 계산하기 어렵지만 시공후 어떤 모습으로 변하게 될 지를 건물주에게 확연하게 보여줄 수 있다는 점에서 공사 수주 등에서 활용가치가 높을 것으로 보인다.

한스 루드빅 호닉 사장은 "CAD 프로그램 보급 확산을 위해 독일어 외에 네덜란드, 영어 등으로 프로그램을 만들었다"며 "이 CAD 프로그램은 갈라바우 분야에 특성화된 프로그램으로서는 세계 최고라고 자부한다"고 말했다. 호닉 사장은 "이 프로그램으로 골프장이나 공항 등 다른 건축물 설계에도 응용이 가능하다"고 설명했다. 이 프로그램의 판매가는 일반용은 3500~4000 유로이고, 고급은 40000만 유로 정도다.

"3차원 설계 정원문화 만끽하세요"

국민소득 증가와 함께 조경과 원예에 대한 관심이 갈수록 높아지고 있는 가운데 '참여-개방-공유'를 모토로 정원 문화 확산에 나서고 있는 곳이 있다.

그린원예컨설팅 전문회사인 ㈜플로시스(대표 김재용, www.flosys.co.kr)의 경영 목표는 단순한 이익실현 보다는 삶의 질 향상을 위해 조경 문화를 널리 알리는 데 주안점을 두고 있다.

따라서 조경과 관련된 모든 정보는 공개를 원칙으로 한다. 자신만의 노하우를 감추지 않고 블로그와 사이트에 관련 정보를 공유토록 함으로써 국내 조경산업 발전에 이바지하겠다는 전략이다. 자연·인간·환경의 조화를 통해 가든 문화 정착에 앞장서겠다는 게 플로시스 김재용 대표의 경영철학이다. 김 대표는 10여 년 동안 화훼 농장을 운영했고, 제대로 된 가드닝을 하고 싶다는 생각에 실내외 조경을 전문으로 하는 회사를 설립했다.

김 대표는 "발전은 정보 공유에서 비롯된다"며 "각종 정보 유통을 통해 지식과 정보의 확대 재생산을 꾀할 수 있고, 많은 사람들이 조경에 관심을 갖게 되는 계기를 마련해줄 수 있다"고 말했다. 그는 "지난 2000년 전국 각지에 흩어져 있던 500여 원예 농가 및 자재상, 유통업자들이 가지고 있는 유통구조의 문제점을 인식하고 자본이 지배하는 유통구조를 개선하기 위해 플로시스를 설립하게 됐다"며 "보다 나은 원예생활을 위해 설계와 시공, 교육 등 세가지를 중점사업으로 정하고 사업을 추진하고 있다"고 강조했다.

플로시스가 가장 역점을 두고 있는 것은 교육사업이다. 그린인테리어 전문인 양성을 위해 지난 2004년 '가든디자인에듀센터'를 개설했고, 지금까지 400여 명의 인원이 교육과정을 수료했다. 교육내용은 종전의 이론 위주의 교육에 한정하지 않고 식물식생과 토양 등 튼튼한 기초 지식을 바탕으로 공간과 주변 환경에 적합한 실내외 정원조성작업에 주안점을 두고 있다. 특히 교육에서 끝나지 않고 정원 제작현장에 교육생을 직접 투입한다. 현장 실무능력을 배양시키기 위해서다.

플로시스의 또다른 장점은 주먹구구식 조경 설계가 아니라 2D에 기반을 둔 3D 설계로 시공후 장면을 생생하게 연출시켜준다는 점이다. 정확한 측량에 따라 수종과 조경자재 등을 산출해 내기 때문에 공사기간과 비용을 대폭 줄일 수 있다. 플로시스가 3년전에 도입한 3D설계 작업에는 6000여 개가 넘는 라이브러리가 동원된다. 일반 설계나 인테리어 작업에서도 3D설계가 이뤄지고 있지만 조경분야에 3D설계를 적용시킨 것은 플로시스가 처음이다. 플로시스는 중국 산둥성에도 설계 사무소를 운영하고 있다.

플로시스는 맞춤형 실내외 그린 인테리어 제작 및 시공 외에 각종 원예 및 조경자재 판매업도 하고 있다. 이밖에 가정 원예 및 기업업무환경 개선과 관련된 컨설팅을 해주고 있고, 가맹점 개설사업도 전개하고 있다. 시공 분야도 실내정원에서부터 베란다정원, 옥상정원, 테라스정원, 레스토랑 장식까지 다양하다.

플로시스에서는 김 대표 외에 구자필 마케팅팀장, 정창만 조경팀장, 정정선 디자인 실장, 디자이너 이채은 씨가 강사로 활동하고 있다.

김 대표는 "조경에 대한 일반인들의 인식이 달라지고 있지만 아직 개념 정립이 미비한 상황"이라며 "조경산업이 발전하기 위해선 조경-설계-인테리어-디자인 등 각 분야 전문가들이 열린 사고를 가지고 유기적인 협력관계를 유지해야 한다"고 말했다.

한국인의 뛰어난 조경 능력

2007년 7월 방식꽃예술원 조경 과정 학생들이 독일 농림부 뮌스터 조경학교에서 조경 실습 수업을 받았다. 독일 국가가 인정하는 갈라바우(Garten und Landshaft bau) 자격증을 따기 위해서였다. 갈라바우란 정원

(Graten)과 조경(Landshaft)을 건설한다(Bau)는 말을 축약한 것으로, 독일에서 3년 교육 이수후 자격시험 기회가 주어지고 이 시험에 합격하면 갈라바우로서 당당하게 활동할 수 있다.

독일 조경 직업 학교에도 향후 이름있는 조경사가 되기 위한 예비 조경사간 경쟁이 치열하다. 갈라바우 자격증을 따기란 여간 어려운 게 아니다. 한해 독일에서만 3,000명 정도의 갈라바우가 배출되고 있지만 응시자의 40% 정도만이 합격을 한다. 1등급부터 6등급까지 6개 등급이 주어지고, 이중 4등급까지만 조경사 타이틀이 주어진다.

3주간에 걸쳐 독일 현지에서 진행된 이론 및 실기 과정에서 이들은 근래에 보기 드물게 모두 A학점을 받았다. 이들은 필자를 포함해 조신자-이기민-이윤숙-우혜숙 씨 등 5명으로, 지난 1년간 국내에서 조경과 관련된 이론 및 실기 수업을 받았다. 독일에서는 3년이란 교육기간후 갈라바우 시험에 응시할 수 있지만 조경 바이스터 자격증을 갖고 있는 방식 선생님의 수업을 통해 국내에서 1년 교육과정을 성공적으로 마쳤을 경우 시험 응시 자격이 주어진다.

조신자 씨가 제작한 '로도덴드롬 가든'(Rhododendron Garden)은 다양한 로도덴드롬 식물로 정원을 장식, 심사관들로부터 식물식재 분야에서 가장 높은 점수를 받았다. 정원 중간에 있는 휴식공간 바닥은 자연 판석으로 장식됐고, 정원 앞 부분은 작은 동산으로 꾸며졌다. 정원 중간으로 통하는 길 위에 나무껍질을 깔아 자연미를 더했다. 또 로도덴드롬이 빠르게 착근하도록 하기 위해 정원 뒷쪽 공간에 식재된 식물 사이사이에 30cm이상 깊이로 자연 퇴비를 뿌렸다.

조 씨는 방식꽃예술원 플로리스트 4기, 마에스터 1기생으로 제1회 국제꽃장식대회에서 우승을 한 바 있다.

이윤숙-우혜숙 팀이 연출한 '갤러리 가든'(Gallery Garden)은 이름답게 암석 공간-휴식공간-테라스 공간-오브제 공간-분수 공간 등 5개 테마 공원을 구성했다.

각 테마공간이 동일한 크기를 갖기 위해서는 시공 과정에서 정확한 측량과 시공이 요구된다.

원형 목재 기둥으로 만들어진 '덩굴 정원'(송광섭-이기민)은 등나무(학명: 비스테리아 시넨시스)가 자연스럽게 올라갈 수 있도록 파고라를 설치했다. 화단에는 히드랑게아, 아보레슨스, 하이퍼리쿰, 칼리시눔 등을 식재했다. 이기민 씨는 "두사람이 정원을 걸으면서 자연의 정취를 느끼도록 작품을 연출했다"며 "당장은

아니지만 1~2년후 등나무가 자라면 제대로 된 정취를 느낄 수 있을 것"이라고 작품을 설명했다.

독일 농림부 산하 갈라바우 교육 및 심사 담당관으로 일하고 있는 예켈(jäkel) 씨는 "최근 대회에서 1,200명의 합격자가 나왔는데 응시자의 60%가 낙방을 했다"며 "철저하게 직업교육을 시키고 있는 독일에서도 이같은 낙방률을 보이고 있는 것은 그만큼 시험이 쉽지 않다는 것을 보여주는 것"이라고 말했다.

예켈 심사관은 4기 갈라바우 팀의 성적에 대해 "여기 오기 바로 전에 6주간 교육을 하고 왔는데 3주간 교육을 받은 여러분들이 더 성적이 탁월했다"며 "오늘날 양국간 교류가 이렇게 발전하기까지에는 방식 회장과 하이코 에거트 씨의 노력 덕분"이라고 말했다.

바닥 정지 작업

설계를 마치고 시공에 들어가기 앞서 바닥정지 작업을 해야 한다. 정원을 설치하려는 공간에 암석이나 나무 그루터기 등을 먼저 제거하고 바닥 평탄작업을 해줘야 한다.

잔디가 있을 경우 반드시 뿌리까지 완전히 뽑아줘야 한다. 결코 쉬운 작업은 아니지만 이를 게을리할 경우 기존 잔디 위에 식재된 화초와 나무들은 성장에 큰 어려움을 겪게 된다.

이후 정원을 조성하려는 공간 모서리마다 말뚝을 박고 줄을 팽팽하게 묶어 경계선을 표시해준다. 이 과정에서 줄이 평탄하게 묶이도록 수평계를 사용하는 것을 잊지 말아야 한다. 공사기간이 길어질 경우 처음에 맞았던 수평이 시간이 지나면서 바뀌는 경우가 많다는 점에서 공사 중간중간에 수평계로 점검해주는 것은 필수다.

물 흐름을 좋게 하기 위해 바닥 경사를 두는 경우가 있는데, 이 때에는 마주보는 양측 가장자리의 수평계 각도가 같도록 해줘야 한다.

바닥 정지 작업을 하는 과정에서 빠뜨려서는 안될 게 있다. 표면에 있는 토양, 즉 표토를 소중하게 여겨야 한다는 점이다. 표토에는 식물 생육에 적합한 각종 영양분과 유기물, 그리고 자생종 종자들이 풍부하게 들어있다. 바닥 정지작업을 하면서 모아놓은 표토는 바닥정지 작업 이후 일정 높이로 다시 깔아주면 식물 식생에 큰 도움을 준다.

바닥 다지기-경계석 설치

터파기 등을 하고 난 후에는 굵은 자갈을 깔고 진동 다짐기 등으로 땅을 평평하게 다져준다. 이 과정에서 높낮이가 없도록 고르게 해주는 것이 중요하다. 콘크리트로 하는 경우도 있으나 대부분의 소규모 정원 공사는 굵은 자갈위에 모래 등을 깔고 다져주는 경우가 많다. 바닥 다지기 작업과 함께 경계석을 설치하는 작업을 해준다.

경계석을 설치할 때는 고무망치 등으로 두드려가면서 수직과 수평을 잘 맞춰야 한다. 수시로 수평계 등을 이용해 수직 및 수평 여부를 확인해

준다. 경계석을 설치할 때는 경계석이 밀리지 않도록 반드시 하부에 콘크리트 타설을 해준다. 콘크리트 등으로 마무리를 해주지 않을 경우 공사 후 경계석이 뒤틀리거나 모양이 변하는 경우가 많다. 경계석으로는 자연석과 가공석, 시멘트 구조물, 벽돌, 방부 처리된 목재 등을 주로 사용한다.

조경의 기초 소재 '잔디'

잔디는 조경의 기초 소재라는 점에서 중요도가 매우 높다. 식물을 식재하거나 조형물을 설치하는 공간 외에는 대부분 잔디가 식재 된다.

그림에서 여백의 미가 제대로 표현되지 않을 경우 그림이 돋보이지 않는 것처럼 잔디는 조경에서 필수적인 재료다. 잔디의 단순한 색감은 정원시설물과 정원수들을 돋보이게 해주고, 보는 사람에게 정서적인 안정감을 준다.

잔디는 표토 유실을 방지해주는 기능 외에 공중에 떠다니는 분진을 흡수하고 소음도 줄여주는 역할을 한다. 또 여름에는 지면을 시원하게 해주고, 겨울에는 반대로 지면을 따뜻하게 해준다. 지금은 롤잔디가 잘 나와 있어 수월하게 작업을 할 수 있다. 롤 잔디는 곧바로 푸른색의 잔디를 볼 수 있는 장점이 있고, 시공후 2~3주만 지나면 뿌리를 내린다.

그러나 롤 잔디는 말아놓은 상태에서 48시간에 설치를 해줘야 한다. 그렇지 않을 경우 수분 증발로 말라죽는 경우가 많다. 롤 잔디 식재시에도 배수에 특히 신경을 써야 한다. 땅을 고르게 해준 뒤 모래 등을 깔고 그 위에 롤잔디를 깔아준다.

또 조경에 대한 관심이 높아지면서 최근에는 골프장용 외에 개인 주택용 등 다양한 용도의 잔디가 출시되고 있다.

잔디는 기후별로 싹이 나는 시기가 다르다. 우리나라에서는 씨앗을 뿌린뒤 기온이 20도 이상이 되어야 싹이 난다. 또 여름에는 푸르름을 유지하지만 겨울에는 지상부가 대부분 말라 죽는다.

우리나라 잔디가 가을이나 겨울철에 갈색으로 변하는 것은 대기중 습도가 낮은 혹독한 겨울철을 견디기 위한 자연스런 현상이다. 겨울철에도 파릇파릇한 잔디를 보고 싶으면 다른 품종을 심어줘야 하고, 그 기후조건에 맞도록 관리를 해줘야 한다.

서양 잔디의 경우 사철 푸르름을 유지하는 상록형이 많다. 벤트그라스, 켄터기, 블루 그라스 등은 주로 종자를 파종해 번식한다. 하이브릿, 버뮤다 그라스는 서양잔디이지만 포기번식을 한다.

　잔디는 무엇보다 배수가 중요하다. 배수가 잘 되지 않으면 녹아내리기 쉽다. 따라서 바닥에 5cm 정도의 모래층을 깔아줘야 하고 배수가 잘되도록 지반 조성시 경사도를 줘야 한다.

　잔디씨를 뿌리는 방법은 다음과 같다. 우선 흙을 모두 골라준 뒤 자갈이나 흙속 뿌리 같은 것을 제거해준다. 이어 씨뿌리는 기계를 이용해 골고루 뿌려주면 된다. 이때 잔디씨가 너무 흙속으로 깊이 들어가면 안 된다.

　롤잔디를 깔 경우 잘 펴서 이음새가 잘 보이지 않도록 깔아준다. 표토와 잘 밀착이 되도록 가벼운 롤러로 눌러주거나 판재를 잔디면에 펴놓고 가볍게 밟아준다. 식재후에는 아래바닥까지 젖도록 충분히 관수해준다. 식재후 10~15일간은 매일 물을 준다. 착근을 도와주기 위해서다.

　현재 시중에 나와 있는 일정 규격의 잔디매트를 사용하면 수월하게 작업을 할 수 있다. 또 나무를 식재하기 충분하지 않은 빈 공간에는 이끼매트와 세듐매트를 활용하면 좋다.

정원의 운치를 높이는 '퍼걸러' (Pergola)

퍼걸러는 열려 있는 지붕을 말한다. 예전에는 목재만 사용했으나 오늘날에는 목재, 목재와 금속의 혼합 형태, 금속, 목재-석재 등 다양한 재료를 사용하고 있다.

퍼걸러는 정원에 설치할 때 시각적인 아름다움 외에 공간의 여유로움을 창출해주는 역할을 한다.

또 퍼걸러에 어울리는 포도나무, 인동덩굴, 능소화, 덩굴장미, 조롱박, 수세미, 나팔꽃, 클레마티스 등 덩굴식물을 식재하면 빼어난 공간을 연출할 수 있다.

퍼걸러의 목재 기둥을 설치하기 위해서는 바닥 고정작업을 해줘야 한다. 기둥이 들어가는 부분의 땅을 충분한 깊이와 넓이로 파고, 자갈과 콘크리트로 단단하게 고정시켜줘야 한다. 이 때 수평-수직계로 이용해 기둥이 똑바로 세워지도록 해야 한다.

이와 함께 콘크리트가 어느 정도 굳을 때까지는 기둥 주변을 지지목으로 고정해줘야 한다.

목재를 땅속에 바로 세우는 것은 피해야 한다. 이 경우 곧바로 부식이 돼 오래가지 못한다. 이에 따라 철제와 나무를 연결한 뒤 철제 부분을 땅속 콘크리트에 고정하면 좋다.

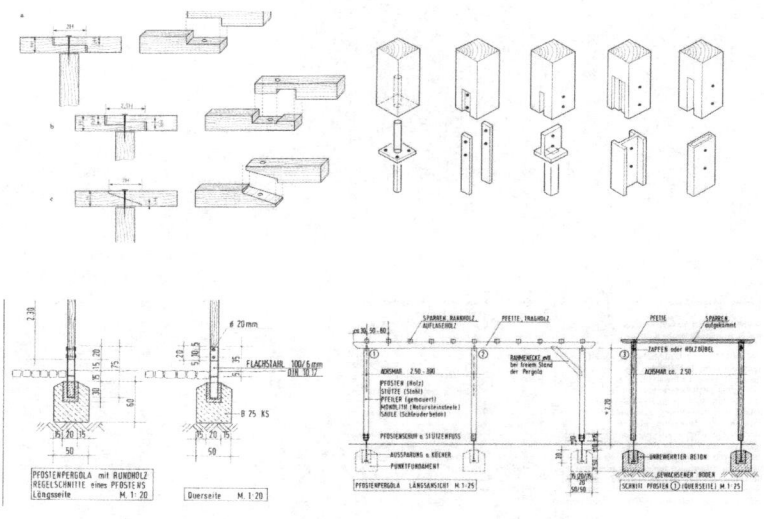

기둥을 세우고 나면 수평채 설치작업이 이어진다. 기둥을 서로 연결하는 것으로, 두개 이상의 수평채를 연결할 때는 퍼걸러의 구조적인 안전

을 고려해 그 아래 부분에 기둥이 반듯하게 위치하도록 해야 한다. 덩굴 식물을 올렸을 경우 그 무게를 지탱할 수 있을 정도로 견고해야 하기 때문에 맞물림 시공시 특히 신경을 써야 한다. 퍼걸러는 외부에 설치되는 조형물 중의 하나라는 점에서 구조적인 안정성을 확보하는 것이 무엇보다 중요하다. 따라서 기둥과 보 사이에 45도 각도로 버팀목을 설치해주면 더욱 좋다. 최근에는 고층건물 옥상에 현대적인 감각을 살린 철제 퍼걸러를 설치하는 경우도 늘고 있다.

조경의 멋을 한껏 살린다 '조명'

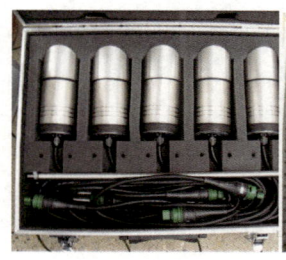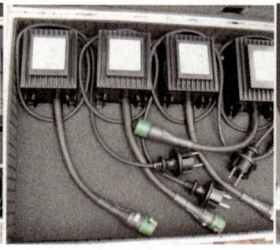

우리나라에서도 야외 파티 문화가 조금씩 확산되고 있다는 점에서 조명의 응용 분야는 갈수록 확대될 것이고, 비중 또한 높아질 것으로 보인다. 나무와 숲이 조명을 받았을 때의 모습을 연상해보면 그 아름다움을 쉽게 짐작할 수 있으리라. 조명의 역할이 그만큼 커지고 있다는 것이다.

한 조명 전문가로부터 들은 얘기다. 서울시내 곳곳에 야외 조명이 설치돼 있지만 너무 조도가 강하다는 말을 했다. 역사적인 유적들을 부각시키기 위해 서둘러 조명작업을 했지만 각각의 구조물에 맞게 조명을 하지 않았다는 것이었다. 은은한 불빛이 어울리는 구조물이 있는가 하면 강하게 반사되는 조명이 더 나은 경우가 있다.

정원에 조명시설을 설치하는 것은 안전을 고려한 측면이 있고, 어둠이 깔린 정원 분위기를 돋보이게 하기 위한 목적도 있다. 조명의 용도도 다양하다. 건물 투사등이 있고, 잔디등과 정원등, 수중등, 분수등, 바닥에 설치하는 지중등 등 용도에 따라 다양하다.

조명 작업을 할 경우에는 밝기와 온도, 조명의 전류 등을 고려해야 한다. LED의 경우 수명이 길고 적은 전력량으로 많은 조도를 확보할 수

있는 장점이 있다. 저전압 조명등은 전력소비량이 적고, 은은한 느낌을 준다.

연못 주변 등 습기가 있는 곳에서는 보통 12V나 24V의 제품을 사용한다. 요즘에는 혼자서도 설치할 수 있는 다양한 조명 제품들이 나오고 있다. 다만 230V, 240V의 경우 전기기사에게 일임하는 게 좋다.

조명작업을 할 경우 지나치게 높은 조도는 오히려 눈의 피로도를 높여주고 주변 경관을 헤치기 때문에 적당한 조도를 유지하는데 주안점을 둬야 한다. 가급적 조명을 받는 식물이나 조형물들이 은은한 빛을 낼 수 있도록 세심하게 신경을 써야 한다.

또 밤에 파티를 하는 경우 정원을 거니는 사람에게 조명 빛이 직접적으로 비치게 하는 것은 피해야 한다.

높고 가는 나무는 10도 정도의 좁은 각도로 조명을 해주고, 넓은 나무는 좀더 넓은 각도를 사용해 시각적 효과를 높일 수 있다.

작은 조형물이나 가까이에 있는 식물을 비출 경우 상대적으로 조도가 약하고 불빛이 나가는 각도를 넓게 해주는 것이 효율적이다.

거리상 가까운 곳은 낮은 조도로, 먼 곳은 강한 조도로 해주는 게 시각적으로 보기 좋다.

서울시는 지난 2005년 여의도 윤중로 일대 벚나무 636그루 아랫쪽에 조명 354개를 설치했다. 조명 색깔은 겨울엔 백색으로 화사한 분위기를, 여름과 가을에는 각각 초록과 노란빛으로 시원한 여름밤과 단풍 분위기를 더해준다.

정원에 생동감을…연못-분수

분수는 현대 조경에서 중요한 부분을 차지하고 있다. 아무리 멋진 정원이라고 해도 분수나 물이 흐르는 시설물이 들어서 있지 않으면 삭막하기 그지 없다. 물소리와 수경시설은 시원스러움과 함께 사색을 즐길 수 있는 여유로움을 더해준다. 물은 조경에서 결코 빠질 수 없는 천연 조경

재료다.

　우선 조성할 연못의 넓이와 깊이 등을 미리 정해야 한다. 작업 과정에서 바닥 시공이 가장 신경써야 할 부분이다. 연못은 규모면에서 일정 크기가 돼야 한다. 대략적으로 10㎡이상은 돼야 한다. 이 보다 작아지면 물의 순환이 제대로 이뤄지지 않아 물때가 낄 가능성이 높다.

　물고기를 키우려면 수심이 1m 이상은 돼야 한다. 최소 1m이상의 깊이를 유지해야 하는 것은 혹한 시에도 물고기가 얼어죽지 않도록 하기 위해서다. 장소는 가급적 빛이 들어오는 양지가 좋다. 위치는 높은 곳보다는 물이 고이는 낮은 곳이 적당하다. 집안 창문이나 출입구 쪽에서 한눈에 볼 수 있는 곳에 설치하는 것이 좋다. 이같이 연못을 구석진 곳이 아니라 눈에 잘 들어오는 개방형 공간에 두는 것은 어린이들의 안전을 고려한 것이다.

연못을 만들 때는 관상용으로 할 것인지, 물고기가 사는 연못으로 할 것인지를 먼저 정해야 한다. 또 생태학적 연못을 조성할 경우에는 가장 자연스런 상태를 유지해야 하기 때문에 특이한 식물도 함께 식재하는 게 좋다. 생태학적 연못 설치시에는 반드시 수심 5cm 깊이의 늪지대와 물이 말라있거나 축축해진 상태의 가장 자리를 만들어줘야 한다. 이중 관상용 연못이 가장 많이 조성되고 있다.

물고기가 사는 연못은 일정 깊이 이상의 수심을 유지해야 하고 정화 필터시설도 설치해준다. 수영이 가능한 연못은 수질정화 시스템을 반드시 갖춰야 한다.

연못의 형태는 자연스런 분위기 연출을 위해 둥근 형태를 가장 많이 사용한다. 둥근 형태의 연못을 만들 경우에는 주변 경계를 자연석으로 둘러치는 게 좋다.

　방수처리에는 기본적으로 비닐(PVC-PE비닐-천연비닐)을 가장 많이 사용한다. 또 세라믹을 사용하거나 연못 주변에 방수벽을 설치하는 경우도 있다. 분수 형태는 아주 작은 것부터 규모가 큰 것 등 매우 다양하다. 펌크관이 길어지면 당연히 수압이 낮아지기 때문에 분수 수압에 맞는 펌프를 설치해야 한다.

　펌프는 연못용, 분수용, 수질정화용 등 용도에 따라 다르다. 큰 연못은 수영장으로도 활용할 수 있다. 연못 주변에 수질 정화 기능이 있는 수생식물들을 식재하는 것이 바람직하다. 연못과 분수 주변에는 조명을 설치하면 더 효과적이다. 밤에도 정원의 아름다운 모습을 감상할 수 있다.

미니 수영장 만들기

　일반 연못의 경우 비닐의 두께는 1mm이상이 돼야 한다. 수영이 가능한 연못은 1.5mm이상 이어야 한다. 비닐을 깔기에 앞서 지면 상태를 고르게 해줘야 한다. 만일 바닥에 돌 같은 것이 있으면 찢어지기 쉽기 때문에 방수천을 먼저 깔고 그 위에 비닐을 얹어야 한다.

　비닐을 자를 때에는 크기 보다 다소 여유있게 잘라야 한다. 이유는 연못에 물을 넣게 되면 비닐이 연못으로 더 딸려들어가기 때문이다. 따라서 물이 다 찬 후에 남은 비닐을 잘라줘야 한다.

　또 물을 다 채운 뒤에는 둑 부분을 잘 마무리해줘야 한다. 시각적으로 봤을 때도 연못과 둑 부분이 자연스러운 모양을 하고 있어야 한다.

　중요한 것은 둑 쪽에 있는 흙이 물을 흡수하는 모세관 현상을 보이기에 가장자리 마감시 돌을 얹고나서 방수비닐을 수직에 가까운 각도로 세워주는 게 좋다. 이후 방수비닐 위로 포석을 올려놓으면 미관상 좋고, 비닐이 안으로 딸려 들어가는 것도 방지할 수 있다. 수영장 연못은 방수비닐이 휩쓸려 내려가지 않게 하기 위해 금속형 레일을 설치해준다.

연못 작업시 배수시설인 하수관 매설은 물론 조명 설치를 위해 땅속에 전기 배선 작업도 해줘야 한다.

일정 규모 이상의 연못을 만들 경우 연못정화필터 장치를 설치해줘야 한다. 그렇지 않을 경우 연못 물이 탁해지고 심할 경우 녹조현상까지 나타난다. 연못정화필터는 연못내 물이 펌프-관-스펀지를 거치면서 물때와 미세한 입자를 흡수해 준다. 연못정화필터는 대부분의 수영장이나 금붕어를 키우는 연못에 설치되고 있다.

또 연못 위에 떨어지는 나뭇잎을 걸러내기 위해 연못 가장자리나 중간에 하수구 구멍 같은 것을 만들어주는 게 좋다. 이럴 경우 자연스럽게 일정한 물의 흐름이 생겨 구멍 쪽으로 부유물이 모이게 돼 제거가 쉽고 물의 정화 기능도 높아지게 된다.

위아래로 연결된 연못을 만들기 위해서는 물 흐름이 잘 되도록 높낮이를 잘 조절해야 한다. 시냇물 같은 작은 개울물을 만드는 과정에서는 자연석 등을 잘 배치해야 하고, 돌 사이사이에 적당한 식물을 식재해준다.

연못-분수 주변에 잘 어울리는 조형물들

연못이나 분수 조경시 돌과 식물 외에 다양한 형태의 오브제도 활용하는 것이 좋다. 정원의 조형미를 한층 부각시킬 수 있다.

이 때 시각적으로 화려함만을 좇기보다는 정서적-감성적 측면의 배려가 요구된다. 조형물은 정적인 정원에 시각적 흥미를 유발시키고 생동

감을 주지만 지나치게 많은 조형물은 오히려 산만하게 할 수 있다.

　정원을 식물로만 꾸미기보다는 조형물과 점경물 등을 배치해 단조로움을 보완해야 한다. 보다 아름답고 정서적인 정원으로서 완성도를 높이는 것이 중요하다.

　식물을 늘어놓거나 일자로 배열하기보다는 끼리끼리 모아심기를 해주거나 자연스럽게 배치하는 것이 심미감을 높여준다. 자연석을 사용해 나무와 돌, 물이 잘 어우러지게 한다면 작품성을 더 높일 수 있다.

　또 화단 구석구석을 맨땅으로 놔두기보다는 천연 이끼를 사용하고 마사를 이용해 피복을 해주면 정갈하면서도 운치있는 화단을 꾸밀 수 있다.

　따라서 식물선택에만 집착하지 말고 조각물이나 분수 등의 장식 소품을 잘 활용할 경우 식물의 수를 줄이는 이점이 있다.

　토기, 항아리, 고가구 등을 활용해 포인트를 주는 것도 괜찮은 방법이다. 석재, 도기, 철제 등도 좋은 소재가 된다. 물이 담겨 있는 물확은 분위기를 정숙하고 차분하게 해주는 역할을 하고, 한국식 정원 조경에 많이 사용되는 석등은 정적인 분위기 연출에 그만이다.

　식재되는 식물에 적합한 조형물을 선택한다. 난과 식물의 경우 나무의 뿌리나 둥치, 금속 재질의 조형물이 잘 어울리고 다육식물의 경우 검정색 계통의 돌이나 녹슨 고철 등이 조화를 이룬다. 초화류는 밝은 색을 띤 자연석이나 백색 계통의 화강석, 약간 마른듯한 느낌의 나무를 곁들여주

는 게 효과적이다.

　양치식물은 축축한 나무-유리와 어울리고 수생식물은 유리나 아크릴 화기와 궁합이 맞는다. 보다 능숙한 조경가라면 연못 주변 환경도 디자인할 줄 아는 능력이 필요하다.

　자연석을 사용해 자연 그대로의 운치를 재현할 수 있고, 열대지방 분위기를 연출하기 위해서는 열대우림 천년의 신비를 가지고 있는 해고 등의 재료를 사용한다. 경계목과 인조목 등을 이용해 경계를 만든다.

　이밖에 펜스와 데크, 건물벽면에 부착하는 트렐리스(Trellis), 벤치, 벽천(壁泉)등의 조경시설물도 정원 분위기를 살려주는 좋은 소재다.

높낮이의 조화 '층계-계단'

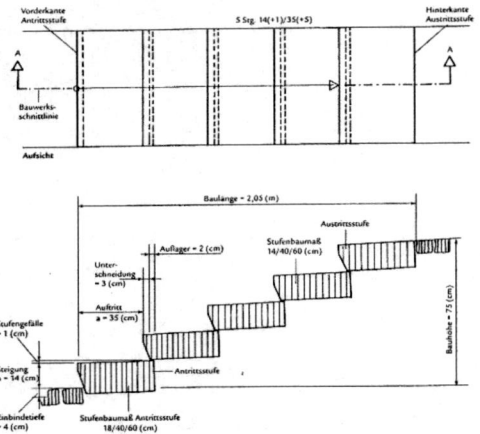

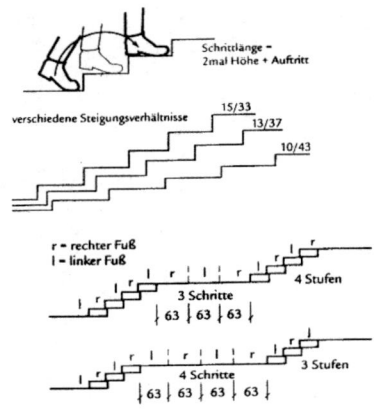

Abb. 124
Beispiele für Schrittwechsel auf dem Podest

층계에는 계단만 있는 단신층과 계단과 계단을 연결하거나 방향을 바꿔서 만드는 다신층이 있고 이밖에 곡선형 다신층도 있다.

계단은 보폭과 계단의 높이를 먼저 정하고 설계해야 한다. 폭과 높이의 관계를 구배의 관계라고도 한다. 만일 높이가 15cm이고, 폭이 35cm이면 15/35로 표기한다. 구배를 정할 때는 층계를 올라갈 때 가장 자연스런 발걸음이 돼도록 해야 한다. 넓이를 정할 경우 일반적인 성인의 보폭을 고려해야 한다.

일반 성인의 보폭은 60~70cm 정도다. 또 자연스럽게 보행이 이뤄질 수 있도록 계단의 너비는 70cm 이상이 돼야 한다. 통상 계단의 높이가 16cm, 밟는 면의 폭이 36cm 정도일 때 오르내리기에 가장 편하다.

안전을 위해 계단 옆에는 난간을 설치해줘야 한다. 독일에서는 계단이 3개 이상일 경우 의무적으로 난간을 설치하도록 하고 있으며, 5개 이상인 경우에는 양쪽에 손잡이를 달아야 한다.

계단의 폭도 보행자 수에 따라 달라진다. 1명일 경우는 1m, 2명일 경

우는 1m 30cm, 3명일 경우는 1m 90cm 정도를 확보해야 한다.

  계단 시공시 반드시 자갈과 시멘트로 기저층을 만들어야 한다. 동절기에 얼었다가 녹았을 때도 움직이지 않도록 충분한 깊이를 확보해야만 한다. 즉, 땅속으로 80cm 이상의 기저층을 만들어야 한다는 얘기다. 또 계단 돌과 돌사이에 틈이 벌어지는 경우가 많아서 기저층을 견고하게 만들어줘야 한다.

  경사도는 보통 길이와 높이 비율로 정하는 데 길이가 1m이고 높이가 6cm일때 6%의 경사도를 이룬다고 말한다. 6%의 경사도는 장애인이 휠체어를 타고 오르내릴 정도로 편안한 경사도이다.

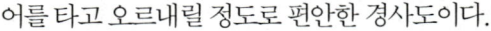

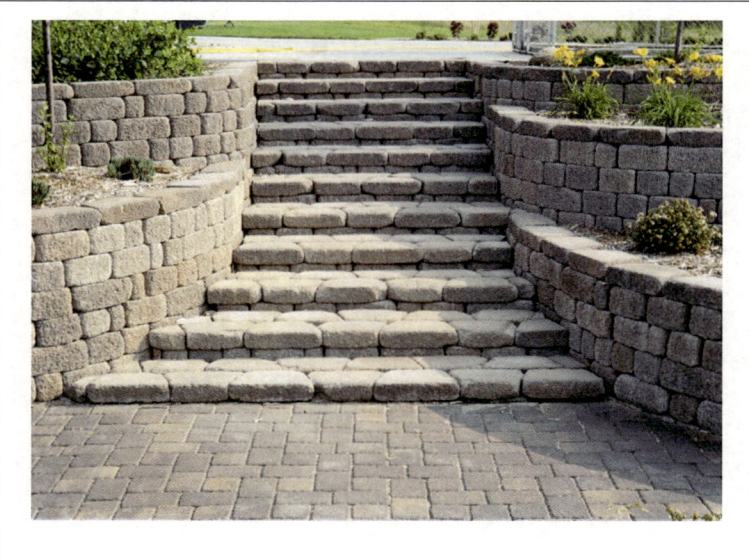

은밀한 차폐 효과 · 위요감 '담 · 울타리'

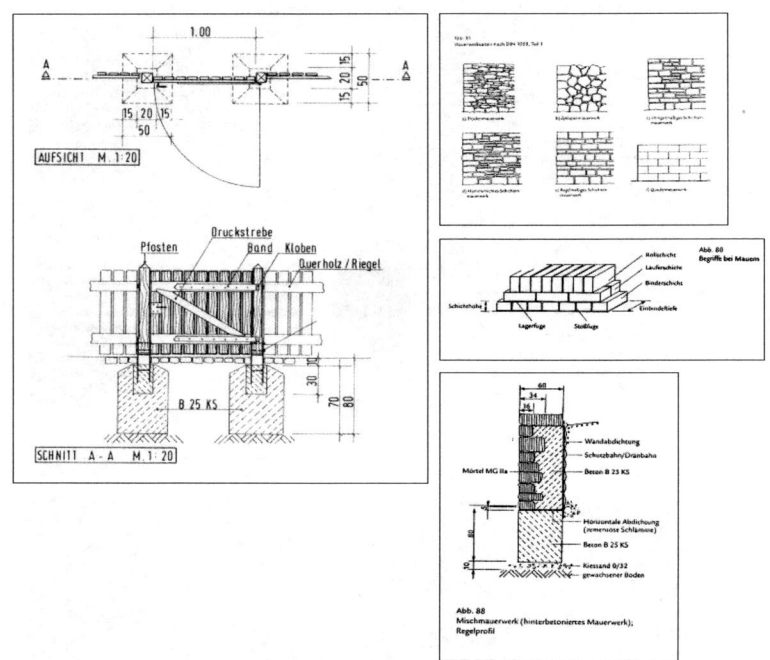

 담을 쌓을 경우 가장 우선시돼야 할 것이 구조물의 안정성이다. 벽돌 등을 쌓을 경우 서로 일직선이 되지 않게 겹쳐 쌓는 이유도 이 때문이다. 담장 설치시에도 계단과 마찬가지로 기저층을 만들어야 한다.
 건벽은 시멘트를 사용하지 않고 돌의 무게를 이용해 나사가 서로 물리듯이 고정시킨 것을 말한다. 시멘트를 사용하지 않기에 돌을 쌓아올릴 때 서로 잘 맞물리도록 해야 한다.
 고정벽은 일반 주택에서 많이 사용하는 것으로, 최소 80cm 이상의 기저층을 만들어줘야 한다. 단신벽은 한쪽 면만 볼 수 있는 것으로 지지대 용으로 많이 사용한다. 이신벽은 양쪽 모두를 볼 수 있는 것으로, 정원 등 조형목적으로 많이 사용한다.

　벽은 안정성을 위해 1m의 높이일 때 10~15㎝ 정도의 기울기를 둔다. 고정벽을 만들 때에는 낙수 등으로 인한 하중 증가를 방지하기 위해 반드시 배수로를 만들어줘야 한다.

　가정 정원에서는 통상 목재 울타리를 많이 사용한다. 목재 울타리 밑에는 포도나무, 등나무, 덩굴식물 등을 심어 나중에 울타리를 타고 자라게 해주면 자연스러우면서도 좋은 풍광을 연출할 수 있다. 철제 울타리를 설치할 경우에도 덩굴식물을 활용하는 게 좋다. 철제의 차가운 느낌을 덩굴식물이 커버해줄 수 있다.

울타리는 바람막이와 가리개 용도 외에 주변 풍광도 더욱 아름답게 해주는 효과가 있다. 나무와 금속재 모두 이용이 가능하다. 울타리는 통상 사유지와 공유지를 구분해주는 역할을 한다. 식물로 울타리를 만들 수도 있다. 일정한 간격으로 고랑을 파서 식재를 하고, 옮겨심기 작업이 끝난 뒤에는 높이가 일정하도록 맨 위쪽 부분을 가지런하게 잘라주면 된다. 3~4m까지 자라는 Pyrachantha coccinea 'Orange Glow'는 울타리식물로 사용시 좋다. 강한 가시를 가지고 있어 방범용으로도 그만이다.

측백나무(Thuja occidentalis)도 울타리 식물로 많이 사용된다. 밀도감이 높아 가리개로서 그만이다. 일정한 높이를 고르게 유지해 주기 위해서는 정원사가 가지런하게 잘라줘야 한다. 사철나무도 울타리에 자주 사용된다. Carpinus betulus도 가지치기를 해서 사용하면 좋은 울타리 식물로 활용할 수 있다. 가을부터 잎이 마르는데 떨어지지 않고 그 다음해 초봄에 떨어진다. 길게 자라는 Chamaecyparis lawsoniana도 울타리 식물로 자주 이용된다.

시원한 풍광을 연출해주는 대나무도 울타리 식물로 제격이다. 대나무는 위를 자르면 더 이상 위로 자라지 않는다. 대나무는 땅속으로 80cm 이상 안 들어가고 옆으로 뻗는 속성을 가지고 있다.

서울 시내 주요 빌딩 주변에 대나무를 식재하는 사례가 늘고 있다. 빌딩 실내 공간에 대나무를 식재할 경우 직선형태의 현대식 건물과 잘 어울린다. 또 뿌리만 살아있으면 다시 살아나는 등 생명력이 강해 관리가 용이하다.

정원 분위기를 좌우하는 '바닥'

Abb. 249
Schuppenbogen

　　바닥공사시 포석과 판석을 많이 사용한다. 포석은 두께가 두껍고 크기는 작은 것을 말하고, 판석은 두께는 얇고 넓은 것을 말한다. 포석에는 한변의 길이가 14~18cm인 대형포석과 소형포석(7~12cm), 모자이크 포

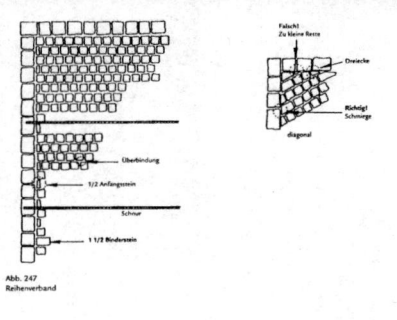
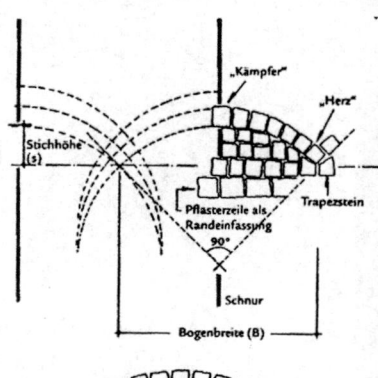

Abb. 247
Reihenverband

석(3~6cm)이 있다.

나열식 포석작업을 할 때는 줄을 잘 지어 깔아야 한다. 만일 크기가 다른 것이 중간에 들어갔을 때는 표시가 바로 나서 외관상 보기가 좋지 않다. 또 구간 아치형과 비늘 모양식 포석방법도 있다.

포석작업을 할 때에는 판석에 무리를 주지 않기 위해 고무 망치 등을 사용해

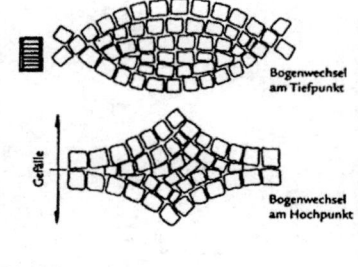

Abb. 248
Segmentbogenpflaster

야 한다. 끈이나 자로 돌과의 간격 및 너비 등을 고려해 깔아야 한다. 포석작업시 가장 자리에 두는 돌을 연석(경계석)이라고 하고, 경계석은 바닥에 콘크리트 등 기저층을 만들어줘야 한다. 경계석이 불안정할 경우 시간이 지나면서 판석이 뒤틀린 모양으로 변할 수 있다.

판석은 기계를 이용해서 잘라 시공하는 방법이 있고, 부서진 판석을 이용해 시공하는 방법이 있다. 부서진 판석을 이용할 경우 자연그대로의 모습을 연출할 수 있는 장점이 있다. 판석을 깔고 난후 사이사이에 모래를 뿌리고 비로 쓸면서 틈을 모래로 채워준다. 모래를 넣어주는 이유는 판석이 움직이지 않도록 하기 위해서다.

　바닥공사를 할 경우 원활한 배수를 위해 기울기는 둬야 한다. 1m 길이에 1cm의 높이를 1%의 기울기로 표시한다. 기울기는 1.5~2% 정도가 적당하다.

　보통 사람이 걸어다니는 정원의 경우 바닥 작업을 할 때 15~20cm 정도의 기저층을 만들어준다. 그 위에 자갈이나 모래를 3~3.5㎝ 정도 깔아야 하고, 포석과 판석의 두께도 고려해야 한다. 주차공간에는 이보다 더 깊게 25~30cm 정도의 기저층이 있어야 하고 화물차의 경우 40~45cm 정도의 기저층이 필요하다.

　정원에는 어린이들을 위한 놀이시설도 설치할 수 있다. 아이들의 놀이터라는 점에서 바닥에 모래를 깔거나 우레탄 탄성포장을 해주면 좋다. 또 철제 놀이기구보다는 가급적 목재와 자연소재 밧줄, 점포벽돌, 고무 블럭 등으로 된 놀이기구를 설치하는 것이 바람직하다.

제3장. 해외의 아름다운 정원

자연보다 더 아름다운 경관

 우리보다 먼저 '정원 문화'를 생활 속에 끌어들인 외국의 정원 조성 사례들을 유심히 살펴볼 필요가 있다. 직접 가서 봄으로써 그들이 쌓아놓은 오랜 노하우를 우리 생활 조경에 바로 응용할 수 있기 때문이다.
 외국 모델 정원들을 둘러보게 되면 하나의 공통점을 찾아볼 수 있다. 자연 그대로의 모습은 아니지만 자연의 모습에 인공을 더해, 보는 이로 하여금 정말 자연보다 더 아름다운 경관을 연출하고 있다는 점이다.
 그만큼 인간의 손길이 많이 닿아 있다. 자연스러움을 유지하면서도 오밀조밀하게 작은 공간을 하나의 작품처럼 형상화하고 있다.
 이들 정원을 둘러보고 느낀 점은 철저하게 '조화와 균형'을 이루고 있다는 점이었다. 서로 이질적인 소재를 사용하는 경우는 드물고 강렬한 색채 대비를 가급적 피한다. 흰색, 갈색, 초록색 등 자연과 가까운 색상을 쓸 때에도 통일성을 기한다. 수생식물은 수생식물끼리, 잎이 넓은 식물은 넓은 것끼리, 음지식물은 음지식물끼리 서로 끼리끼리 모아놓는다. 식물마다 가지고 있는 본연의 생태환경을 중요시하고 있는 셈이다.
 외국 정원을 둘러 보면 어떤 식물과 어떤 식물이 잘 어울리는지를 쉽게 파악할 수 있다. 수년간 이리 옮겨보고 저리 옮겨보고 해서 가장 나은 모습을 연출해놓았다. 때문에 조경에 관심있는 사람들이 이들 장소를 찾아가는 것은 돈으로 환산할 수 없을 정도의 가치가 있다. 선진 유럽 정원에서 작품 아이디어를 구할 수 있고, 정원조성 작업시에도 큰 도움을 받을 수 있다.

독일인들의 문화 공간 '그루가 파크'

　독일 그루가 파크(GRUGA PARK)를 찾았을 때 인상적인 작품이 있었다. 이 공원에 가면 곡선 건물의 효시자인 훈데스바싸가 지은 로날드 맥도날드 하우스 에센 건물도 볼 수 있고, 독일에서 가장 큰 조경 마이스터 슐레도 위치해 있다. 독일에서 내로라하는 조경사들은 이곳 그루가 파크 내 조경 마이스터 슐레 출신들이다.
　에센 건물은 겉에서 봤을 때도 가로 세로가 반듯하게 지어진 것이 아니라 곡선 형상을 하고 있다. 마치 어릿광대의 눈 화장을 연상케 하듯이 건물 창문틀 주변은 붉은 색으로 색칠을 해놓았다. 기둥 겉면에는 빨간색, 고동색, 하늘색 원통 도자기가 씌워져 있는 등 건물 전체의 알록달록만 모습이 마치 어린이 놀이터와 흡사하다. 건물 내부는 문이 잠겨 있어

　들어가 보지 못했지만 복도와 통로가 수평으로 되어 있지 않고 굴곡이 져 있었다. 이곳 그루가 파크에는 또 규모에 걸맞게 어린이를 위한 각종 놀이시설이 설치돼 있고 수시로 각종 공연이 열린다. 독일인들의 문화 공간이자 쉼터로서 그 역할을 다하고 있었다.
　그루가 파크에서 눈에 띈 것은 모델 옥상 조형물이었다. 이 책에서도 수차례 언급했지만 갖가지 세듐 종류가 식재돼 있었다. 세듐은 그 종류가 다양한데다 야외에서도 생명력이 강해 인간의 손길이 가지 않아도 잘 자라는 속성이 있다. 대부분 낮게 자라기 때문에 흙이 많이 필요하지 않다. 때문에 옥상조경 작업시 하중 걱정을 덜어주고, 다년초인데다 월동이 가능한 것도 많아 식재가 용이하다.
　조경 마이스터 슐레가 있는 이곳에는 형태별 식물들이 질서 정연하게 잘 전시돼 있었다. 느릅나무, 인동덩쿨, 각종 포도나무류, 등나무 등 울타리 조경에 응용할 수 있는 식물들이 한곳에 심어져 있었다.

수초로 둘러싸인 '미니 수영장'

수영장을 컨셉트로 한 조경 작품도 볼 수 있었다. 통상 수영장이라고 하면 별도의 수질 정화 장치가 필요하다. 때문에 웬만한 부자들도 자기 정원에 수영장을 설치하는 것을 부담스러워 한다. 시공비가 많이 들고 유지 관리비가 만만치 않다는 이유에서다. 그러나 이곳 모델 정원에 설치된 수영장에는 별도의 정화시설이 없었다. 다만 수영장 수면과 거의 비슷한 높이로 수생식물들을 식재해 놓았다.

원리는 간단했다. 인위적인 수질 정화 장치 대신 스스로 자정 능력이 있도록 수생식물들을 심어놓은 것이었다. 순천만 일대의 갈대 숲이 뭍에서 흘러들어오는 나쁜 물을 걸러내 기름진 개펄을 유지해주는 원리를 적용한 것이었다. 수영장 크기는 가로 5m, 세로 2.54m 정도로 크지 않았다. 우리네 정원에 얼마든지 적용 가능한 것이었다. 자연의 원리를 그대로 응용하면 얼마든지 무궁무진한 아이템을 개발할 수 있다는 점을 실감했다.

　이미 2005년 영국의 엘렌 펜턴(Ellen Mary Fenton)은 '모트 & 캐슬 에코 가든'에서 처음으로 자연적인 수영장을 선보인 바 있다. 자연적인 수영장이란 화약약품 처리가 된 일반적인 수영장이 아니라 자연적으로 물을 정화시키는 환경친화적인 수영장을 의미한다.

　수생식물중 연꽃, 수련, 마름과 같이 잎은 수면 위에 떠있고, 뿌리는 물속의 진흙에 고정되어 있는 것과 부레옥잠 등과 같이 뿌리는 물속에 있고 물위를 떠돌아 다니는 것이 있다. 습생식물은 연못의 가장자리나 늪, 습지와 같은 토양조건에서 잘 자란다. 습생식물은 토란알로카시아처럼 잎이 넓은 것이 많으나 골풀, 부들, 붓꽃처럼 입이 좁은 것들도 있다.

　또 약용식물과 채소 등 식용식물들끼리 심어져 있는 공간도 별도로 마련돼 있었다.

　이밖에 자갈과 목재를 철제 구조물에 담아 세운 벽면도 눈길을 사로잡기에 충분했다. 한쪽 면은 자갈로, 뒤로 돌아가 보니 다른 한면은 나무가 철제 구조물 안에 차곡차곡 쌓여져 있었다. 나무조각과 자갈 사이에는 굵은 철사를 끼워 구조물의 안정성을 확보했다. 정원 정면에서 보면 자갈만 들어있는 모습만 눈에 들어오는데, 자갈이 회색 빛에 가깝다는 점을 고려해서인지 바닥 판석도 회색을 사용했고, 식재된 식물들도 무채색에 가까운 식물들을 심어놓았다. 통일감을 주고 있어서 눈에 거슬림이 없었다.

　다른 모델 정원을 가보니, 자연에서 채취한 돌들만으로 물이 흐르는 개울을 만들어 놓았다. 조경 공사시 시냇물이 흐르는 장면을 연출할 경우 자연석들을 콘크리트나 다른 접합제 등을 이용해 고정시킨다. 그러나 이곳은 이같은 접합제 등을 사용하지 않고, 바닥에 방수 처리만 한채 자연석 그대로를 자연스럽게 늘어뜨려 놓았다. 보기에도 자연스러워 마치 작은 계곡을 집안에다 옮겨다 놓은 느낌을 강하게 줬다.

조경 산업의 메카 '독일'

독일에는 전시가든(Exbition Garden)만 100여 개에 이른다. 독일의 대표적인 정원 행사중 하나가 연방 정원 박람회(Bundesgartenschau)이다. 행사가 한곳에서 매년 열리는 것이 아니라 항상 새로운 도시에서 개최되고, 행사장은 행사가 끝난후에도 그대로 공원으로 남는다. 실용적인 독일인의 품성을 엿볼 수 있는 대목이다. 우리나라도 신도시 등을 조성할 때 미리 주변에 조경 박람회 등을 열어 주변을 먼저 공원화하는 방안도 적극 검

토돼야 할 것으로 보인다. 아파트를 먼저 짓고 뒤늦게 부랴부랴 정원을 조성하는 것보다는 더 효율적이지 않을까.

정원과 원예 관련 행사는 세계 각국에서 다양한 형태로 열리고 있다. 그중 하나가 박람회로 정원과 관련된 여러 자재와 도구들을 주로 전시하는 정원 박람회와 원예 중심의 박람회로 크게 나눌 수 있다. 또 주택 레저 등과 연계된 전시 형태도 있다. 이러한 정원 박람회와 원예 박람회는 특히 독일에서 활발히 열리고 있다.

조경산업이 발달한 독일에서는 조경사와 정원사 등 직업 구분이 상당히 세분화돼 있다. Baumschule는 식물과 나무를 생산하고 번식시키는 일도 한다. 또 도매상 뿐만 아니라 개인에게도 판매한다. Zierpflanzenbau에서는 관상용 식물을 재배하는 곳으로, 온실에서 재배된 식물을 절화 형태로 많이 판매한다.

Staudengartnerei에서는 다년생 식물을 주로 생산한다. 예를 들어 지붕 녹화를 위한 세둠 등 다년생 식물과 수경식물들을 재배하기도 하고 수경식물만을 전문적으로 생산하기도 한다.

　Gemusebau에서는 채소와 과일을 재배해 직접 판매한다. Friedhofsbau란 묘지 관리를 전담하는 묘지 조경사를 말한다. 묘지 조경사는 묘지 설계부터 관리까지 모든 것을 총괄한다.

　Garten und Landschaftsbau는 말 그대로 전문적으로 조경을 하는 곳이다. 독일의 대표적인 정원 행사로는 2년마다 열리는 연방 정원 박람회가 있다. 행사가 매번 같은 장소에서 열리는 것이 아니라 매번 다른 곳에서 열리고, 행사가 끝난 후에는 그대로 공원으로 영구 존치된다. 한마디로 박람회가 한번 열리게 되면 도심내에 큰 공원이 새롭게 조성된다. 여기에서 단순 일회성 행사로 사라지는 것이 아니라 도시 경관 조성차원에서 행사를 진행하는 독일인의 치밀함을 엿볼 수 있다. 우리 나라에서도 신도시를 건설하거나 할 때 조경 박람회 등을 열어 자연스럽게 조경이 이뤄지도록 하는 것도 좋은 방안이 될 것이다.

네덜란드 붐캄프 가든…정원과 예술품의 만남

독일에 국경을 접하고 있는 네덜란드 보네 지방의 붐캄프 가든 (Boomkamp Garden, www.boomkamp.com)의 규모는 6만m^2로 이곳에는 52개의 각종 테마정원이 조성돼 있다.

폐허 정원, 터널 정원, 장미 정원 등이 있다. 네덜란드에서 유명한 6개 정원중 규모는 그리 크지 않지만 섬세함과 정교함에서는 단연 수위라는 평가를 받고 있는 곳이다.

조경사와 건축주 사이에 설계 및 시공 상담이 이곳에서 진행될 정도로

네덜란드 조경산업에서 큰 역할을 담당하고 있다. 정원 나름대로의 독특한 분위기도 그만이지만 눈여겨볼 대목은 정원만 설치돼 있는 것이 아니라 곳곳에 조각물와 오브제 등 다양한 조형물이 함께 전시돼 있다는 점이었다.

 조경 따로 예술 작품 따로가 아니라 정원 속에서 인간이 만든 다양한 예술작품을 감상할 수 있는 공간을 연출해내고 있었다. 조경을 한 정원은 이들 작품들로 인해 더 빛을 발했고, 예술작품들도 썰렁한 화랑이 아닌 자연속에 전시돼서인지 생동감이 있었다.

　앞으로 국내에서도 모델 정원을 설치할 때 다른 예술작품과의 접합을 통해 공존하는 방안을 적극 모색할 필요가 있어 보인다.

　이곳 정원을 걷다보면 터널 정원을 만날 수 있다. 등나무 등으로만 울타리와 터널을 만든 것과는 달리 나무를 철제 구조물에 맞게 늘어뜨려 자라도록 한 것이 인상적이었다. 특히 각 정원마다 번호표와 이동경로를 표시해놓아 단 한 곳도 놓치지 않고 둘러보도록 배려한 것도 기억에 남는다.

네덜란드 '아펠턴 가든'

　공원 전체 면적이 13만㎡로 네덜란드에서 가장 크고 오래된 정원인 아펠턴 가든(Appeltern Garden)을 찾았을 때 날씨가 썩 좋지 않았다. 이곳에는 180여 개 크고 작은 정원이 들어서 있다. 필자가 이곳을 찾은 8월 말경의 날씨가 그래서인지 해가 떴다가 잠시 후 비가 오고, 정말 변화무쌍했다. 이곳에도 갖가지 정원 모델이 전시돼 있다. 짓궂은 날씨임에도 가족끼리 연인끼리, 아니면 노부부끼리 손잡고 공원 여기저기를 둘러보는 모습이 참 푸근해보였다.

　또 한곳에는 정원 설계 도면만을 별도로 전시하고 있었다. 가든 이름도 다양했다. 겨울 가든, 역사 가든, 물과 호수 가든, 약용식물 가든, 지붕

조경 가든, 영원한 가든, 네덜란드 가든, 동쪽 가든, 야채가든, 조형물 가든, 새 가든 등 테마별로 잘 조성해놓았다.

공원 관계자는 "이곳에는 네덜란드 내에서 자라고 있는 모든 식물들이 심어져 있다"며 "180여 개 정원이 모두 다르게 설계-시공돼 있다는 점이 장점"이라고 소개했다. 또 다른 볼거리는 정통 조경 양식 외에 현대 건축 양식을 응용한 다양한 실험적인 작품들도 함께 전시돼 있다는 점이다.

네덜란드에도 '플로리에이드'(Floriade)라는 정원쇼가 10년마다 한번씩 열린다. 네덜란드 플라워쇼를 대표하는 것은 퀘겐호프 꽃축제이다. 행사기간에 9만 7천여 평의 공원은 700만 송이의 튤립, 수선화, 히아신스 등으로 뒤덮인다.

500개 분수들의 화려한 쇼 … 이탈리아 티볼리

지난해 4월 이탈리아 밀라노에서 열렸던 세계 최고 권위의 '2007 밀라노 가구박람회' 취재를 마치고 로마 부근 티볼리를 방문했었다. 티볼리는 로마에서 동쪽으로 30km 정도 떨어진 곳에 위치해 있다.

당초 로마 시내만 둘러볼 계획이었지만 일정을 수정했다. 티볼리에 에스테경의 별장이 있는데 아름다운 정원과 환상적인 분수가 정말 볼만하다는 것이었다. 일행중 한명은 비염에 분수공원이 즉효약이라고 너스레를 늘어놓기도 했다. 말인즉슨 본인이 비염이 심한데, 가끔 이곳에 들러 분수 터널을 걷다보면 어느새 콧속이 시원해진다는 것이었다. 하긴 분수에서 자연스럽게 뿜어져 나오는 산소를 마음껏 들이켤 수 있다는 점에서 고개가 끄덕여지는 부분이었다.

　에스테경은 페라리 공국 왕가가문 출신으로 추기경 후보까지 추대됐으나 그 뜻을 이루지 못하자 이곳으로 거처를 옮긴 뒤 오랜 시간에 걸쳐 정원을 만들었다고 한다. 권력의 뒷안길에서 가슴속 깊이 저며드는 공허함을 채우기 위함이었을까. 그는 이미 화려한 왕국생활에 익숙한 귀족이었고, 정치가와 외교가로서도 명망이 높았던 사람으로 알려져 있다.

　그는 유배지나 다름없이 황폐했던 이곳에 많은 재물을 들여 분수공원 조성에 나선다. 분수 정원 설계는 건축가 피로 리고리오(Pirro Rigorio)가 맡았다. 1550년 쯤에 공사를 시작해 1562년에 완공을 했다고 하니 공사기간만 12년이 걸린 셈이다.

　별장안을 들어서는 순간 탄성이 저절로 나왔다. 500개나 되는 수많은 분수들이 한곳에 모여져 있는 것을 처음 접한데다 그 위용에 입이 쉬 다

물어지지 않았다. 뒤틀린 형상의 용으로 조각된 '용의 분수', 수압의 낮고 높음을 이용해 오르간 연주를 하는 '오르간 분수'도 볼거리였지만, 일렬 횡대로 길게 늘어선 100개의 분수를 봤을 때의 느낌이란, 한마디로 장관이었다. 오랫동안의 풍파를 견뎌낸 분수들이었기에 고풍스런 자태도 그만이었지만 분수 주변 곳곳에 자란 이끼의 형태에서 세월의 유구함을 느끼기에 충분했다. 여기에 넵튠분수와 베르니니의 손길이 어린 유리잔의 분수 등 분수 이름도 셀 수 없을 정도로 많았다. 저녁시간까지 머물지 못했기에 조명 빛을 받은 분수들의 장관은 아쉽게도 보지 못했다. 여름에는 야간에도 개장을 하는데 분수 곳곳에 2000여 개의 조명등이 설치된다고 한다.

이탈리아 소나무 얘기를 조금 했으면 한다. 지금에야 고백하는 것이지만 필자는 아름다운 소나무가 우리나라에만 있는 줄로 알았었다. 버스를 타고 이탈리아 로마 시내를 둘러봤을 때 차창 밖으로 멋있는 소나무들이 보였다. 조경에 관심을 갖다보니 예전에는 그냥 지나쳤을 법한 것들도 그냥 흘려버리지 않게 됐다. 우리나라 소나무들도 그 나름의 특성이 있지만 이탈리아 시내에서 본 소나무들은 무엇보다 잎들이 풍성했다. 우리나라 소나무들이 고아한 자태를 뽐내고 있다면 이탈리아 소나무들은 풍성함을 자랑하고 있었다.

다시 가보고 싶은 영국 왕립식물원 '큐가든'

　다시 런던을 방문할 기회가 있었다. 혼자 갔던 때라 모든 업무를 앞당겨 마무리하다 보니 하루 이틀 시간이 남았다. 런던 시내 공원과 박물관 여기저기 들르다 보니 하루가 지났고, 다음날인가 시내에서 구입한 관광 책자에서 큐가든이 눈에 띄었다. 정원 규모를 짐작키 어려울 정도로 컸다. 정원으로 들어가는 문도 여러곳이 있던 것으로 기억된다. 운도 좋았다. 영국 날씨답지 않게 쾌청했던 것.

　유모차에 아이들을 싣고 정원을 산책하는 젊은 부부들, 그리고 벤치에 앉아 담소를 나누는 노부부들. 시간의 속박에서 벗어나 있다는 여유로움을 느꼈기 때문일까. 필자도 한동안 벤치에 누워 하늘을 바라다보기도 하고, 끝없이 펼쳐진 잔디밭을 그냥 걷기도 했다. 한국인 일행을 인도하는 가이드 말을 들어보니 이 정원이 이렇게 조성되기까지 많은 시간이 걸렸고, 권력 깨나 쥐고 있었던 귀족들은 부의 과시로 많은 식물들을 가꿨다고 한다. 그들이 해외 원정이나 정복 과정에서 이름있는 식물학자를 대동했다는 사실도 뒤늦게 알았다. 해외에서 희귀식물이나 모양이 좋은 화초들을 들여온 것도 이들이었다고 한다. 큐가든 내 크고 작은 온실에는 이들이 수집하고 채취한 갖가지 식물들이 가지런히 배열돼 있었다. 혹자는 식물 토벌꾼이라는 말도 거침없이 사용한다. 그러나 다른 한편으로 미리부터 식물의 가치를 안 그들에게 경의를 표하고 싶다는 말은 지나친 것일까.

영국을 방문하는 분들께 시간이 되면 세계 최고의 규모와 시설을 자랑하는 영국의 왕립식물원 큐가든(RoyalBotanic Garden in Kew)을 권하고 싶다.

원예 선진국 · 정원의 나라 '영국'

정원에 대한 영국인들의 열정은 뜨겁다. 영국은 전세계적으로 조경문화가 가장 발달한 곳이다. 이들이 또 전세계 정원 디자인을 선도하고 있다고 해도 과언이 아니다. 이들의 삶은 정원가꾸기(Gardening)와 관계가 밀접하다. 은퇴 후에 정원을 가꾸며 여유로운 삶을 즐기는 모습들이 종종 언론에 소개될 정도다. 꽃과 정원 가꾸기가 일상적인 문화로 정착돼 있는 것이다.

일반 가정의 정원부터 큰 영지의 전통정원까지 영국 어디를 가도 아주 쉽게 근사한 정원들을 접할 수 있다. 유서 깊고 특색있는 정원들도 셀 수 없이 많다.

복합적인 문화사업으로 경제생활의 한 축을 이루고 있고, 원예-정원 전시장은 관광상품으로서 손색이 없다. 자기만의 독특한 색깔을 통해 문화 콘텐츠로 자리매김되고 있는 것이다. 정원 가꾸기만을 전문적으로 가르치는 가든 스쿨도 있다.

얼마전 영국의 플라워 쇼를 소개하는 책자를 구입한 적이 있다. 필자는 이 책에서 영국의 플라워쇼가 단순한 전시를 넘어 사회-경제-문화 등 사회 각 분야와 밀접한 유기적 관계를 맺고 있다는 것을 실감할 수 있었다. 영국 전역에서는 연중 1000회 이상의 크고 작은 꽃과 원예, 그리고 정원 관련 전시회가 개최된다고 한다. 이중 가장 대표적인 것은 첼시 플

라워쇼로 180년의 역사와 전통을 자랑하고 있다. 국민들의 관심도 대단해 첼시 플라워쇼 중계 프로그램이 영국 내에서 가장 유명한 TV프로그램중 하나가 되고 있다. 첼시쇼에서는 정원과 원예의 최신 경향을 파악할 수 있다.

첼시 플라워쇼는 물건을 파는 부스를 제외하고 전시를 위한 부스만 300개가 넘을 정도로 규모가 크고 볼거리 또한 많다.

영국 왕립 원예협회가 개최하는 첼시 플라워쇼 외에 햄프턴 코트

팰리스 플라워쇼와 같이 여러 정원과 화훼 관련 물품을 전시하는 행사와 정원 관련 산업 무역 박람회, 국제 정원 축제 등 다양한 플라워쇼가 있다.

경제적 파급효과가 엄청난 만큼 플라워쇼를 찾는 사람들도 다양하다. 일반 관람객을 비롯 정원관련 업체 전시자, 정원 잡지 관계자, 저널리스

트를 비롯한 언론 매체 관계자, 정원디자이너, 후원 업체, 음악·미술·케이터링 업체, 행사 진행자 등 다양한 사람들이 참여한다. 특히 단순한 꽃 전시를 벗어나 모델정원, 대형 천막안의 다양한 식물과 화훼 전시, 꽃꽂이 전시, 각종 정원에 관한 제품과 식물을 판매하는 시장도 형성돼 있다.

정원가구 또한 매우 발달해 있다. 베란다, 벤치, 탁자, 울타리, 퍼걸러, 펜스, 데크 등 조경과 관련된 정원가구 사업이 많은 비중을 차지하고 있다.

영국은 풍경식 조경 양식의 대표적인 표본으로 알려지고 있지만 시간이 지나면서 친환경적인 양상으로 변모되고 있다. 2002년 이후 자연스러움이 강조되면서 자연석 목재 등 자연적인 소재와 재활용 소재의 활용이 눈에 띄게 증가하고 있다. 또 자연적인 스타일에 대한 효과를 높이기 위해 정원 조성과정에서 초본류를 많이 식재하는 흐름을 보여주고 있다. 여기에 사회문제와 환경문제, 자연과 환경의 중요성을 알리는 모델 정원도 등장하고 있다. 작품명도 유기농업, 기상변화, 피부암, 노숙자 등 특정 주제를 표현하고 있다.

2003년에는 야생동물을 위한 정원이, 2004년에는 야생조류를 위한 정원이, 2005년에는 생물 다양성을 주제로 야생식물 서식지로 이루어진 정원이 선보였다.

한편 영국은 토피아리(Topiary)의 종주국으로 알려져 있다. 요즘 우리 주변에서도 토피아리를 응용한 작품들을 자주 감상할 수 있게 됐다.

토피아리는 초기에는 정원에 악센트를 주기 위한 기둥, 원뿔, 경계수의 형태로 시작되었을 것으로 추정되고 있다. 이후 17, 18세기 영국에서 가장 성행했었다. 어린이 대공원과 서울 랜드에서도 가끔 대형 코끼리, 나무에 매달린 원숭이, 물을 뿜는 물새 등 토피아리 작품을 전시하는 행사를 열고 있다.

쓰레기 더미가 거대 녹지로…중국 성해광장

　중국 대련(大連)에는 110만 평 규모의 성해광장이 있다. 아시아에서 가장 규모가 크다.
　광장 주변에는 초고층 아파트들이 줄지어 서 있다. 아파트 가격 또한 만만치 않다. 중국 인민폐로 평당 1만 원 정도 한다고 하니 우리 돈으로 치면 130만 원 정도다. 중국 평수는 우리와는 달리 가로 세로 1m를 한 평으로 하기 때문에 우리식의 평으로 환산하면 평당 400만 원이 넘는다. 일부 아파트는 66평이 7억 원을 호가한다고 한다.
　당초 이 곳은 쓰레기 하치장이었다. 바다로 흘러 들어가는 샛강도 썩은 냄새가 진동했다고 한다. 우리의 산자부장관에 해당하는 뽀시라이(博熙來) 상무장관이 대련 시장 재직시 오랜 기간의 공사끝에 지난 97년 이곳 쓰레기를 모두 걷어치우고 주민들의 휴식공간 마련을 위해 대규모 광장으로 조성했다. 뽀시라이 장관의 아버지는 중국 8대 혁명 원로인 博波다. 올 1월에 운명을 달리했다.

홍콩의 유명 배우들도 이곳 아파트 한 채씩은 보유하고 있다고 한다. 대련 CC 골프장 한국인 사장도 성해광장 주변 아파트를 가지고 있다.

광장 한쪽에는 국제무역전시센터가 들어서 있고, 해변가 주변에는 헹글라이딩을 즐길 수 있는 위락시설도 마련돼 있다. 이곳에는 온천물도 나온다. 바닷가에서는 해수욕도 즐길 수 있다. 오수가 넘치던 샛강은 하수 재정비 사업으로 깨끗한 물이 흐르고 있다.

광장 조성으로 충분한 녹지공간이 확보된 데다 바로 옆이 바닷가여서 주변 경관 또한 빼어나다. 한 여름 후텁지근한 날씨에도 바닷가에서 시원한 바람이 불어온다. 살기 편한 곳으로 알려지면서 대련 지역 사람 외에 타지에서도 많은 사람들이 찾는다.

광장이 공원으로 조성돼 있어 산책로를 충분히 확보하고 있고, 갖가지 정원수로 광장이 꾸며져 있다. 대련시 관광 명소가 되면서 관광객들이 많이 찾고 있고, 이들이 광장을 손쉽게 돌아볼 수 있도록 마차도 운영된다.

대련에는 성해광장 외에 우허광장, 동해 광장, 증산광장, 해군광장 등 광장 수만 50개가 넘는다. 전체 공간 중 녹지공간 비율이 42%를 넘는다.

북방의 홍콩으로 불리는 대련은 동북 3성 도시중에서 가장 세련되고 깨끗한 도시로 평가받고 있다.

개발 위주 정책이 펼쳐지고 있는 중국에서 녹지공간의 중요성을 알고 녹지사업을 전개한 뽀시라이 장관의 선견지명에 박수를 보낸다.

풍류와 사색의 공간…우리네 전통 정원

　우리나라의 정원은 전란이나 역사적 단절로 인해 각 시대의 형태적 원형을 찾기 힘들다. 또 정원에 대한 체계적인 기록이 담긴 문헌 역시 희귀하다. 홍만선의 〈산림경제〉나 서유구의 〈임원시육지〉 등 만이 전해올 뿐이다.
　정원이 한 국가 사회나 민족 집단이 지닌 문화와 사상의 결정체라는 점에서 우리 정원도 우리 나름의 독특한 분위기와 색깔을 가지고 있다. 그것은 정형화되고 장식성이 강한 서구식 정원과는 달리 있는 그대로의 자연 모습을 간직하고 있다.

현존하는 우리나라 정원들은 대부분 조선시대 것들로, 유교사상과 도교 사상의 영향 등으로 있는 그대로의 자연을 관조하는 성격이 짙다. 우리나라 정원은 분명 서구의 것과 큰 대조를 이룬다. 서구 정원들이 유희, 호사, 사냥의 장으로 활용됐던 것과는 달리, 우리의 정원은 풍류, 사색, 자연과의 합일을 중시했다. 자연을 있는 그대로 두고 봄으로써 아름다움을 느끼고 정서를 함양해 궁극적으로 자연의 이치를 깨우침으로써 심리적인 안정과 위안을 누렸던 것이다.

　한마디로 한국인에게 있어 자연이 곧 정원이었기에 인위적인 가식과 장식이 필요 없었던 것이었다. 우리네 정원은 컴팩트한 서양정원처럼 카메라 렌즈안에 포착되지 않는다. 시선을 사로잡는 오브제도 없고 그림 같은 장면도 찾기 어렵다.

　반면 중국 정원은 거대한 스케일 속에 경관 또는 인간을 압도한다. 장대하고 기묘하기가 가히 조물주 수준을 능가한다. 일본 정원은 치밀하게 다듬어져 있다.

　한국전통 예술에서는 무기교의 기교를 높은 가치로 평가한다. 순수미와 관조미도 높은 수준의 미의 범주에 포함시킨다. 따라서 한국 정원이 별로 볼게 없다고 평가하는 것은 우리네 미학을 제대로 모르고 하는 말일 것이다. 눈에 보이는 것보다는 그 이면에 감춰진 보이지 않는 것을 더 중시한 데 따른 것으로 이해하면 될 것 같다.

일본-중국, 정원 대중화 적극 나서

이웃나라 일본의 경우 조경 관계자들이 일본의 정원 대중화에 상당한 힘을 쏟고 있다. 일본 정원 디자이너들의 활발한 활동에 힘입어 일본 정원 모델은 유럽 각지에 설치돼 있다.

일본 정원은 영국의 플라워쇼 초창기부터 등장해 지금까지 계속해서 출품되고 있는 정원 형태 중 하나다. 2001년 쇼 가든에서 '리얼 재패니스 가든'이 최우수 정원으로 선정됐고, 2004년에는 더 재패니스 웨이가 금메달을 수상하기도 했다.

2002년에는 일본의 알프스라 불리는 나가노현의 타테시마 분지가 작품으로 연출됐고, 2003년에는 일본인 디자이너 케이 야마다가 처음 영국 정원을 접하면서 받은 영감을 바탕으로 정원을 디자인하기도 했다. 정원 관련업에 종사하는 사람들이 정원 대중화에 앞장서고 있고, 디자이너들도 활발한 활동을 펼치고 있다.

중국에서도 녹지공간의 중요성을 인식하고 화훼와 정원 관련 대규모 국제 박람회를 개최하고 있다.

물론 우리나라에서도 고양시 꽃박람회와 안면도 꽃축제 등이 열리고 있다. 이 두 행사가 어느 정도 자리를 잡았다는 점에서 화훼문화에 대한 욕구가 높아진 것만은 사실이다. 그러나 우리 꽃 박람회는 시작 단계에 불과하다. 전시 기술과 구성면에서 국제적인 기준에는 부족한 감이 없지 않다. 더구나 꽃과 정원 가꾸기가 일상문화로 정착된 다른 나라에 비해 그 저변이 턱없이 부족하다. 여기에 돈이 되고 관리가 수월한 일부 수종만이 집중 공급되고 있는 것도 문제다. 이에 따라 다양한 정원수 개발이 절실한 상황이다.

제4장. 정원관리

정원관리

　정원 관리는 전문지식이 있어야 하고 많은 분야에 대한 지식이 필요하다. 독일에서는 조경 마이스터가 별도로 담당한다.
　앞으로 정원관리 수요는 크게 늘어날 전망이다. 정원관리를 잘하면 예쁘고 아름다운 것을 오랫동안 감상할 수 있는 이점이 있다. 관리를 잘 해줘야 오랫동안 감상할 수 있다. 잡초를 뽑아주는 것은 누구나 할 수 있다. 그러나 시비 시기에 대한 정확한 지식이 필요하고, 식물이 어느 정도

의 크기와 높이, 넓이로 자라는 지도 알아야 한다. 매년 봄 잔디 상태를 확인해줘야 하고 식물별로 연간 3~4차례 시비를 해줘야 한다.

  나무가 좋은 환경에서 잘 자랄 수 있도록 하기 위해서는 가지치기도 해줘야 한다. 나무 보호를 위해서는 해충 방제도 필수적이다.

  때로는 고객이 나무를 옮겨달라고 요구하는 경우도 있기 때문에 식물 옮겨심기에 대한 지식도 풍부해야 한다. 예를 들어 장미 정원의 경우 가을에 가지치기를 하고 동절기때 잘 덮어 보호를 해줘야 다음해에 꽃이 잘핀다. 연못의 경우 청소 작업과 함께 겨울나기를 잘 할 수 있도록 조치를 취해야 한다.

아무리 나쁜 환경에서도 흙이 좋으면 3개월은 견딘다

　대부분의 식물들은 열악한 환경 속에서도 끈질긴 생명력을 가지고 있다. 지하실 컴컴한 공간에 방치해두어도 곧바로 죽지 않고 한달 정도는 견딘다. 버티는 기간을 늘려주는 것은 바로 좋은 토양이다. 토양은 식물에 필요한 양분과 물의 공급처일 뿐 아니라 식물을 지지해주는 버팀목 역할도 한다. 토양은 보비력과 통기성, 배수성 등이 좋아야 한다. 토양이 좋으면 최악의 상황에서도 3개월은 버틴다. 흙은 식물 식생에서 가장 중요한 요소다.
　잎이 크거나 잎 수가 많은 식물, 자라는 속도가 빠른 식물은 수분증발이 많기에 보습력을 높게 해줘야 한다.
　조경에 대한 관심 집중으로 멋있고 아름다운 정원에 대한 수요도 증가하고 있다. 그러나 그럴싸한 디자인보다 소중한 것은 식물 식생에 대한 올바른 이해가 선행돼야 한다는 것이다. 식물을 먼저 알고 조경을 해야 한다는 얘기다. 식물 특성을 이해하지 못하면 결코 좋은 정원이 만들어질 수 있다.

식생에 대한 이해 없이 디자인과 시공을 하는 것은 한마디로 어불성설이다. 양지를 좋아하는 식물을 음지에 식재하고, 물을 좋아하는 화초를 건조한 곳에 배치하는 오류를 범하지 말아야 한다.

조경하는 사람들은 가장 기본이 되는 흙과 비료, 식물에 대한 올바른 지식과 경험을 가지고 있어야만 한다.

수목별로 개화시기가 다르다는 점에서 정원을 설계하거나 시공하는 사람들은 계절별로 정원이 아름다움을 유지할 수 있도록 철별로 꽃이 피는 수목들을 적절하게 사용해야 한다. 봄, 여름, 가을, 겨울 4계절 모두 아름다운 정원을 연출한다는 기본 원칙을 갖고 작업에 임해야 한다.

좋은 흙 만들기

인공지반이나 박스 등에 식물을 식재할 때는 인공토양을 사용하는게 좋다. 냄새가 나지 않고, 병충해를 예방할 수 있다. 실내외 조경을 할 때 사용하는 토양은 통상 펄라이트와 피트머스를 각 1대1 부피 비율로 섞는다. 옥상조경시에는 피트모스의 비율을 70%까지 높여주기도 한다. 여기에 화산석이나 숯 난석을 곁들여주면 더욱 좋다. 숯은 이온효과와 살균 능력이 있고, 난석과 화산석 등은 배수 효과가 높다. 좋은 토양이란 미생물의 도움을 받아 분해과정을 거친 흙을 말한다. 가장 좋은 토양은 고상(고체):액상(물):기상(기체) 비율이 50%:25%:25%이다. 고상은 흙의 굳은 상태를 말하고, 액상은 수분을 머금은 상태, 즉 보습성 정도를 말해준다. 기상은 통기성을 칭하는 것으로 공기가 얼마나 잘 통하느냐에 따라 비율이 다르다. 기존 토양의 상태는 물을 묻힌 뒤 손으로 짜서 펴보면 알 수 있다. 진흙은 짜더라도 물이 잘 떨어지지 않고, 보습성과 통기성이 좋은 흙은 짜면 상대적으로 물이 많이 나온다. 토양의 물의 양은 피트모스, 펄라이드 등 특수토양이 가장 많고 진흙, 부엽토, 모래 순이다. 난과 같이 뿌리가 굵은 것은 통기가 잘되는 난석이나 마사 등을 써야하고, 트리안이나 율마 같은 경우 가는 뿌리를 가지고 있기에 늘 수분을 유지시켜 줘야 한다. 따라서 진흙이나 황토같은 것은 식물 생장을 저해한다. 춘란 재배시 그동안 난석과 바크만을 사용했으나 보습력과 보비력을 높여주기 위해 난석에 특수토양인 피트머스를 섞어줘도 좋다.

좋은 토양이란 말 그대로 병해충이 없고 깨끗해야 하고, 잡초 씨앗이 없어야 한다. 또 가볍고 운반이 편리해야 하고, 천연 미네랄이 풍부해야 한다. 보습성이 좋은 토양은 피트모스, 질석, 제오라이트, 코코피트(코코넛 열매로 만든 것)이고, 통기성이 좋은 토양은 펄라이트, 난석, 화산석, 하이드로볼, 마사, 바크 등이다. 피트모스(Peat Moss)는 돌이끼가 오랫동안 물속의 지층 속에 갇혀 있으면서 공기가 차단돼 완전히 썩지 못하고 부분적으로 탄화돼 만들어진 것으로, 캐나다의 습지에서 많이 생산 공급된다. 세계적으로 식물 재배 및 토양개량제, 그리고 조경용으로 가장 많이 사용되고 있다. 무균상태로 잡초 종자가 없고, 염류(비료성분) 그리고 화학약품도 들어있지 않아 가정용 채소 가꾸기나 화훼 용토로 적합하다.

피트모스의 3상 분포는 고상 10%, 액상 75%, 기상 15%로 물을 지니는 성질이 좋고, 알갱이 사이에 공기를 지닐 수 있는 공간이 풍부해 통기성이 우수하고 유기질이 많은 용토다. 펄라이트는 화산활동으로 발생한 용암이 급속히 냉각돼 생성된 유리질 암석으로 2.5%의 결정수를 함유하고 있다. 토양 산도란 토양이 산성인지, 알칼리성인지를 구분하는 것으로 식물생육에 가장 적합한 산도의 범위는 ph 5.5~7.4이다. 토양이 산성이면 석회를 사용해 Ph를 높여주고 반대로 Ph를 낮추기 위해서는 황과 황선철 등을 사용하면 된다.

비료에 대한 이해

비료란 식물체가 광합성 작용에 필요한 영양소를 흡수해 식물생장에 필요한 탄수화물을 만드는 데 기본이 되는 영양소이다. 식물들은 필수적으로 질소(N), 인산(P), 칼륨(K)이 필요하고 칼슘과 마그네슘, 황, 철, 구리, 아연, 망간 등도 필요하다.

질소는 줄기와 잎, 키를 키우는데 필수적인 요소로, 가지나 잎을 무성하게 한다. 인산은 꽃눈의 형성을 도와 꽃을 피우고 열매를 맺게 해준다. 칼륨은 뿌리나 줄기를 튼튼하게 해주는 영양소이다.

질소가 부족하면 성장이 저해되고 잎이 황색으로 변한다. 반면 과다할 경우 식물이 웃자라고 잎이 비정상적으로 자라게 된다. 칼슘은 식물의 세포막을 튼튼하게 해 조직을 강하게 해주고, 마그네슘이 부족할 경우 엽록소의 형성이 제대로 되지 않아 오래된 잎이 누렇게 변한다.

병충해를 예방하기 위해서는 농약만 살포할 것이 아니라 좋은 영양분을 공급해줘야 한다.

　유기질 비료는 돈분, 우분, 깻묵, 계분, 뼛가루 등 자연부산물을 미생물의 도움을 받아 발효시켜 거름으로 이용 가능한 비료다. 무기질 비료는 화학비료로 질소, 인산, 칼륨 등을 직접 흡수할 수 있게 만든 비료다.

　비료가 부족해 생장이 저해되고 있다고 판단될 경우 응급조치로 비료를 물에 타서 잎뒷면 숨구멍에다 살포해주면 된다. 비료를 사용할 때는 부족한 듯 줘야 한다. 비료에 욕심을 내서는 안 된다. 비료를 너무 많이 주게 되면 잔뿌리가 손상을 입게 되고 결국은 말라 죽게 된다. 비료를 줘야 할 때는 잎이 생기가 없거나 새잎이 연약하게 자란 경우, 꽃과 열매가 떨어지는 경우 등이다.

　또 분갈이 이후 1년 이상이 경과한 뒤에도 비료를 준다.

식물이 잘 자라는 환경은 사람에게도 좋다

잎이 아름다운 관엽식물이 자라는 데 적합한 공중 습도는 60~70%이다. 사람이 살기 좋은 습도는 60%이다. 식물의 최적온도는 18~25도. 역시 사람들이 활동하기 좋은 봄 날씨가 같은 온도다. 대부분의 관엽식물들이 실내에서 자라는 경우가 많은데, 관엽식물이 잘 자라도록 실내 습도를 맞춰주게 되면 이 역시 사람에게 좋다. 습도계를 구입해 실내에 걸어놓고 습도가 너무 높으면 환기 등을 해주고, 너무 낮을 경우 스프레이로 관엽식물의 잎에 물을 뿌려주면 된다. 스프레이(엽수)를 할 때는 앞면보다는 식물의 숨구멍이 있는 뒷면에 해주는 것이 효과적이다. 우리가 생활하는 공간의 습도가 낮으면 환경호르몬이 더 많이 발생한다.

병해충 관리

　병해충을 예방하기 위해서는 통풍이 잘되게 관리하고, 적당한 온도와 습도 유지가 관건이다. 지나치게 물을 많이 주거나 건조로 인해 생기는 경우가 많다. 정기적으로 살균·살충 등 지속적인 관리가 필요하고, 주기적으로 잎면의 먼지를 제거해주는 것도 좋다. 실내에서 생기는 해충은 토양에서 생기는 경우가 많으므로 사전에 토양을 살균해준다.

　흰가루병은 주로 장미나 벚나무, 사철나무 등에서 자주 발생한다. 잎 전체에 밀가루를 뿌려놓은듯 하얗게 변색이 되고, 심하면 말라죽는다. 증상이 발견되면 새 눈이 나오기 전 석회황합제를 뿌려주고 병든 잎과

가지는 불에 태운다.

깍지 벌레와 진딧물의 배설물에 의해 발생하는 그을음병은 발견 즉시 살충제로 진딧물 등을 구제해야 한다.

실내식물의 대표적인 병해충인 곰팡이균은 여름철 습할 때 자주 발생한다. 따라서 하루에 최소 한번 정도 창문을 모두 열어 통풍이 되도록 해주면 곰팡이균 번식을 방지할 수 있다. 또 가정에서 자주 사용하는 유한락스를 연하게 물에 타서 소독해주면 손쉽게 없앨 수 있다.

모든 식물에는 응애가 있다. 응애는 잎 표면에 하얀 먼지가 앉은 것처럼 보이며 나중에는 누렇게 변한다. 응애는 기온이 높고 건조할 때 잘 발생한다. 잎이 생기를 잃고 누르스름한 색으로 변하게 되는데 디코폴을 2~3회 간격을 두고 살포해준다.

마당 한켠 작은 화단에 채소를 심어본 사람들이라면 민달팽이가 연약한 순을 갉아먹는 것을 자주 목격했을 것이다. 민달팽이는 주로 야간에 활동하기 때문에 낮에는 눈에 잘 띄지 않는다. 대기가 습한 날 밤에 후레쉬를 들고 화단을 비쳐보면 민달팽이들이 왕성한 활동을 하는 것을 볼 수 있다. 민달팽이는 오이 껍질 등을 잘라 화단에 놓으면 한곳으로 모여 한꺼번에 여러 마리를 잡을 수 있고, 목초액을 물에 타서 뿌려줘도 방제에 효과적이다. 진딧물은 발견 즉시 살충제 등을 살포해서 구제해야 한다. 한마리만 있어도 곧 번식하기 때문이다.

진딧물은 새순 뒷편에 붙어 수액을 빨아먹기에 새잎이 더 이상 커지지 않고 뒤틀리면서 말라죽는다.

적성병(붉은별무늬병)은 잎과 열매에 붉은 색 반점이 생기는 증상으로, 겨울이 따뜻하고 봄에 비가 자주 온 해에 자주 발생한다. 예방을 위해서는 초봄에 향나무에 적성병 약을 살포해 기주의 균을 없애야 하며, 발견 즉시 바이코와 바리톤 등 해당약을 적절히 희석해 잎 뒷면에 골고루 살포해야 한다.

물은 언제 줘야 하나

식물이 자라는데 좋은 토양의 습도는 약간 젖어있는 것이 좋다. 초보자들이 육안으로 물 주는 시기를 알아내는 것은 쉽지 않다. 그러나 잎에 생기가 없고 윤기가 없을 때, 잎이 두꺼운 다육식물들의 잎이 얇아졌을 때가 물을 줘야 할 시기다.

손가락으로 측정하는 방법이 있는데 손가락 한마디 정도로 토양을 파보면 흙이 조금 축축해진 정도라는 느낌이 들 때가 적당하다. 손가락 대신 나무 젓가락이나 대나무, 분필 등을 이용할 수도 있다.

기준 식물을 활용하는 방법도 있다. 스파트필름의 경우 특히 습도에 민감한데, 스파트 필름의 잎이 시들어 있을 때가 물을 줘야 하는 시기다.

토양 표면에 측정기를 꽂아 물 주는 시기를 알아내는 방법도 있다. 우리가 많은 시간을 보내는 사무실을 보면 선물용으로 들어온 화분들이 물을 제때 주지 않아 버리게 되는 경우가 많다. 화분은 대체로 크기가 크지 않다는 점에서 건조한 환경의 사무실에서는 쉽게 말라죽는다.

따라서 화분보다 별도의 용기(이동식 플랜트 박스)를 만들어 실내에서 잘자라는 나무와 화초 등을 식재해 놓으면 물을 자주 주지 않아도 되는 장점이 있다. 한달에 두번 정도 날짜를 정해 일정량의 물을 주면 생육에 큰 지장이 없다. 요즘들어 이동식 플랜트 박스가 인기를 끌고 있는 것도 이 때문이다.

물 주는 방법에 대해 살펴보자. 관수란 물 조리개로 물을 화분의 윗부분에 주는 것으로 대부분의 식물들은 이 방법으로 물을 주면 된다. 물을 줄 때는 물이 화분 밑 구멍으로 흘러나올 때까지 흠뻑 줘야 한다. 이유는 물이 아랫부분까지 내려오지 않고 중간에서 멈춰 증발할 경우 화분 흙이 단단해지면서 통기가 잘 되지 않게 된다.

물을 줄 때에는 여러 번 자주 주는 것보다 한번에 많은 양을 주는 것이 좋다. 자주 줄 경우 식물 스스로 습도를 조절하는 능력이 약해지면서 뿌리가 썩어 죽는 경우가 많다.

모든 것이 그렇듯 화분을 잘 키우려면 많은 정성이 필요하다. 물 주는 것과 통풍이 되도록 신경 쓰는 것 외에 가끔은 대나무 꼬챙이 같은 것으로 뿌리가 다치지 않게 화분 윗부분 흙을 골라주면 배수도 잘 되고 통기도 좋게 할 수 있다.

우리 어머니들이 시골에서 채소를 키울 때 호미질을 하면서 잡초를 뽑아주고, 흙을 골라주는 것도 같은 이유다.

　잎이나 줄기에 물을 주는 것을 싫어하는 식물도 있다. 알로카시아 마지나타 시클라멘 바이올렛 등이고, 대체로 꽃피는 식물들은 꽃에 직접 물을 주면 안 된다.

식물도 넓은 공간을 좋아한다 '분갈이'

　분갈이에 대해 언급을 하면, 식물이 일정 크기 이상으로 자랐을 경우 분갈이를 해주면 더 왕성한 생육을 한다. 1~2년간 분갈이를 하지 않고 방치하면 물주기와 물빠짐이 좋지 않아 시들거나 죽고만다.

화기에 심어져 있던 화초나 나무 등을 뽑아보면 대부분 잔뿌리 등에 휘감겨져 있는 것을 볼 수 있다. 더 이상 자랄 공간이 없기에 화분 주위에 잔뿌리들이 몰려 있는 것이다. 종전 화기보다 더 큰 화기를 준비하고 잔뿌리들을 다치지 않게 손가락으로 잘 털어 새흙을 넣으면서 식재를 해주면 된다.

화분 밑 부분은 자갈이나 모래를 넣어줘 배수를 좋게 하고, 뿌리가 고루 퍼지도록 해준 다음 영양분이 풍부한 부엽토를 일반 흙과 잘 섞어서 뿌리 사이사이에 잘 들어가도록 해준다. 이 과정에서 질소, 인산, 칼륨 등 실내 식물에 맞게 비율이 잘 조절된 비료를 곁들이면 더 좋다.

화분에 식물을 넣고 토양을 채운후 살짝 살짝 들어올려 뿌리 사이로 토양이 들어가도록 한뒤 높이에 맞춰 토양을 채운 후 눌러준다.

화분을 샀을 때 그대로 키우지 말고 반드시 분갈이를 해줘야 한다. 대부분 화분에 심은 나무들을 뽑아보면 밑에 스티로폴이나 땅콩껍질이 있다. 화분 무게를 줄이고 임시방편으로 배수를 돕기 위한 것인데, 결코 식물 식생에 좋지 않다. 스티로폴은 통기성 외에는 아무런 도움을 주지 못한다. 완전히 썩지 않은 땅콩껍질이나 톱밥은 나중에 썩으면서 식물에 좋지 않은 가스를 배출한다.

다른 화분으로 옮겨줄 때는 스티로폴과 땅콩껍질을 제거하고 대신 자갈과 굵은 모래 등으로 밑부분 배수층을 만들어준다. 무게를 가볍게 하기 위해서는 자갈이나 모래 대신 난석을 사용하기도 한다.

화분을 구입할 때는 가격은 비싸도 좋은 것을 고른다. 오랫동안 사용할 수 있고, 인테리어 소품으로서 가치도 높다. 좋은 그릇에 담긴 음식이 맛도 좋듯이 좋은 화기에 심어진 화초는 더 아름답다.

나무를 옮겨 심을 때

  화초와 나무가 잘 자라기 위해서는 화초와 나무 속성에 맞는 토양조건을 만들어 주는 것이 제일 중요하다.

  나무를 갑자기 이식하게 되면 새 토양에 적응을 하지 못하고 말라 죽는 경우가 많다. 따라서 이식전 최소 6개월 전에 뿌리돌림을 해준다. 뿌리돌림을 해준 뒤 잔뿌리가 나온 상태에서 이식을 하게 되면 활착이 잘된다.

  나무 뿌리를 적당히 잘라주면 수분과 영양분을 보다 효과적으로 흡수한다. 또 나무를 옮겨심는 과정에서 오래된 잔가지 등을 정리해주는 게 좋다. 나무는 옮겨심을 때 수분 흡수능력이 떨어지기 때문에 거기에 맞게 뿌리를 잘라줘야 한다. 나무의 균형을 잡아주는 뿌리는 쳐주고 물과 양분을 빨아들이는 뿌리는 남겨둬야 한다.

  이후 녹화마대와 고무밴드를 활용해 뿌리에 달라붙은 흙이 떨어져 나가지 않도록 한다. 가지치기는 옮겨심고 난 뒤 바로 해줘야 한다. 잎의 양을 줄여 수분을 빨아들이는 양을 줄여줘야만 착근이 잘된다.

나무를 옮겨심을 때 목 부분을 지면 높이와 같게 해준다. 목부분이 지면 위로 올라오면 말라 죽을 수 있고, 지나치게 아래로 내려가면 썩기 쉽다.
　소나무의 경우 시들해지면 줄기에 구멍을 뚫어서 수반주사를 놔줘야 한다. 45도 각도에서 5cm 정도의 깊이로 구멍을 내고 주사액을 주입하면 된다.
　옮겨심은 뒤에는 뿌리 고정을 위해 지지대를 설치해줘야 한다. 바람이 불면 뿌리 잔털 부분은 움직이게 되고, 이로 인해 제대로 뿌리를 내리기 어렵기 때문이다.
　작은 나무는 줄기의 손상을 방지하기 위해 고무나 연한 재질의 끈으로 고정해준다. 큰 나무는 강철 밧줄을 사용하기도 한다.
　지지대는 바람이 불 때 힘을 받을 수 있도록 풍향을 고려해 설치해야 한다. 식물을 옮겨심은 뒤에는 충분히 물을 줘야 한다.
　급수 가장 자리에 둔덕 모양의 흙을 쌓아두면 급수할 때 물이 밖으로 흘러내리지 않는다.
　가장 자리 둔덕은 1~2년 동안 지속적으로 관리해야 한다. 가장 효과적인 방법은 급수용관을 뿌리 주변에 넣어주는 것이다. 이 경우 급수한 물 대부분이 뿌리에 전달된다. 급수용관에는 미세한 구멍이 뚫려 있다.

나무 모양새 만들기 '전정'

전정(가지치기)이란 식물을 잘 자라게 해주고 모양 유지를 위해 나무의 일부분을 감량시켜주는 작업을 말한다. 전정은 병충해 피해 및 확산을 막고, 꺾어진 나무와 불필요한 곁움을 제거해 식물 생장을 돕기 위한 것이 있고, 식물이 더 이상 커지지 않고 형태를 유지하고 고정시키기 위해서 해주는 경우도 있다. 향나무를 둥글게 다듬어주거나 울타리 전정을 해주는 경우가 후자이다.

이밖에 예술적인 아름다움을 위해 토피어리를 만들기 위한 것도 있고, 개화와 결실을 촉진시켜주기 위해 생리적인 목적에서 실시되는 경우도 있다. 또 나무 등을 옮겨심고 난뒤 뿌리가 잘린 만큼 지상부 가지를 전정해 잎에서의 수분 증산량과 뿌리에서의 흡수량을 맞춰주기 위해 전정을

해주기도 한다.

　대부분의 조경 수목은 겨울철(11~3월)에 전정을 한다. 이 시기는 대부분의 식물이 성장을 멈추고 휴면기에 들어가는 시기여서 전정을 하더라도 식물 생육에 영향을 덜 받고 잎이 대부분 떨어진 상태여서 병해충을 입은 가지를 잘라내기 쉬운 이점이 있다.

  새로운 가지와 잎이 나오는 봄철에 전정을 해주기도 하는데 이때는 한꺼번에 많은 가지를 쳐주면 안 되고 식물 생육에 지장을 받지 않는 범위에서 해줘야 한다.

  봄에 꽃이 피는 나무는 꽃이 진 직후에 전정을 해준다. 철쭉이나 영산홍, 목련, 개나리, 생강나무, 산수유, 벚나무, 살구나무, 매화나무 등 봄에 꽃을 피우는 나무는 가을이나 겨울에 전정을 해주면 다음해에 꽃을 볼 수 없다. 그 이유는 봄에 꽃을 피우는 나무는 꽃이 지고 난후 이듬해에 필 꽃눈을 형성하기 때문에 꽃눈이 많이 잘려나가지 않기 위해서는 꽃잎이 진 후에 해주는 것이 좋다.

  무궁화나 능소화, 백합나무, 배롱나무 등 여름과 가을에 꽃을 피우는 나무는 가을이나 겨울에 전정을 해줘야 한다.

  전정시에는 웃자란 가지, 수형과 통풍에 나쁜 영향을 주는 가지, 아래로 향한 가지 등을 쳐주는 게 좋다. 또 병충해로 말라 죽거나 뿌리 밑둥에서 올라온 가지 등은 전정을 우선적으로 해준다.

  또 전정을 할 경우 수형을 고려해가면서 해야 한다. 향후 나무가 커가는 모양을 보면서 가급적이면 보기 좋게 해준다.

식물에 맞는 화기를 사용하라

어떤 크기의 식물을 심느냐에 따라 용기의 크기와 모양이 달라진다. 아래로 흘러내리는 식물의 경우 키가 높은 화기가 좋고, 낮은 화기를 사용할 때는 다리를 만들어 주는 게 보기에도 좋다. 식물의 질감도 고려해야 한다. 수생식물의 경우 유리나 아크릴, 철재가 잘 어울린다.

다육식물은 녹슨 느낌의 화기가 좋지만 광택이 나는 것은 피해야 한다. 화기가 놓여질 위치도 잘 고려해야 한다. 야외용 화기의 경우 반드시 배수가 되는 화기여야 한다. 야외용 식물심기에 적당한 화기는 내구성이 있는 화기여야 한다. 화기의 높이가 커 전체를 흙으로 채울 수 없을 경우에는 아래 부분 빈 공간을 채우고 난뒤 흙이 아래로 내려가지 않도록 부직포 등을 깔고 그 위에 식물을 식재하면 좋다. 화분으로 식물을 옮겨 심을 때는 뿌리가 잘 내리도록 해주기 위해 잘 눌러주는 게 좋다.

최근들어 실내조경용으로 많이 사용하고 있는 콘테이너형 용기는 밑에 물구멍이 없어 깨끗하게 관리할 수 있다. 아랫쪽에 물 저장 탱크가 있어 남는 물이 저장되고 윗쪽의 물 부족시 밑에 고여있던 물이 심지를 타고 위로 올라오게 된다. 다양한 사이즈로 제작할 수 있는 이점이 있고, 바퀴가 있어 이동이 편리하다. 일반 가구를 배치할 경우처럼 때때로 장소를 바꿀 수도 있다.

flower & gardening